现代数据库索引设计与优化

薛佳楣 著

中国纺织出版社

图书在版编目（CIP）数据

现代数据库索引设计与优化 / 薛佳楣著. -- 北京：
中国纺织出版社，2019.1

ISBN 978-7-5180-5052-9

Ⅰ.①现… Ⅱ.①薛… Ⅲ.①数据库系统－研究
Ⅳ.①TP311.13

中国版本图书馆CIP数据核字（2018）第112068号

责任编辑：姚　君　　　　责任印制：储志伟

中国纺织出版社出版发行
地址：北京市朝阳区百子湾东里A407号楼　　邮政编码：100124
销售电话：010-67004422　传真：010-87155801
http://www.c-textilep.com
E-mail：faxing@c-textilep.com
中国纺织出版社天猫旗舰店
官方微博 http://weibo.com/2119887771
北京虎彩文化传播有限公司印制　　各地新华书店经销
2019年1月第1版第1次印刷
开本：880×1230　1/32　印张：5.5
字数：160千字　定价：51.00元

凡购买本书，如有缺页、倒页、脱页，由本社图书营销中心调换

前　言

　　数据库设立的一个主要目的就在于实现高效管理。但是伴随着信息化程度的不断加深，网络技术的不断发展，数字信息呈现出爆炸式、几何级数增加的趋势，在这种形势下，数字信息的存储总量越来越大，这给数据存储及管理技术带来了新的挑战。相应地，存放在数据库中的数据形式也从简单的字符串格式升级成为复杂多样的格式，处理数据的方式也由简单的字符处理升级为字符图像处理。这给人们处理与获取信息提出了挑战，因此，如何提高数据库数据的提取速度，使用户以最快的速度从海量数据库中获取所需要的数据成为数据库设计者的主要目的。

　　索引就是加快检索表中数据的方法，即能帮助找到满足条件的记录ID的辅助数据结构，索引是与表或视图关联的磁盘上结构，可以加快从表或视图中检索行的速度，是提高数据库系统执行效率的一种有效工具，索引选择问题是数据库物理设计中一个重要的优化问题。数据库索引是数据库管理系统中一个排序的数据结构，以协助快速查询、更新数据库表中数据。数据库索引就是为了提高表的搜索效率而对某些字段中的值建立的目录。数据库索引好比是一本书前面的目录，能加快数据库的查询速度，但是索引比字典目录更为复杂，因为数据库必须处理插入、删除和更新等操作，这些操作将导致索引发生变化。

　　大型的企业或部门每天都需要处理大量的数据业务，随着企业的发展与壮大，其业务量与数据量的必将会逐年增大，这将导致信息系统的压力越来越大。此时，在系统设计、开发和测试中没有考虑到的隐患也逐渐暴露，使得系统可靠性与高效性明显降低，影响了对业务支持的质量。在系统设计和开发阶段，设计者最注重的是系统的功能实现，测试阶段注重系统功能的正确性，而对于系统性能缺乏关注，主要是由于数据量较少，无法显示出系统性能瓶颈。当系统上线运行后，随着数据量和并发用户的增多，数据库性能问题逐渐显现，尤其是索引对象设计不当、业务流程变更等原因，导致性能降低是最常见的现象。随着大数据时代的来临以及各个学科邻域信息系统的逐步成熟，传统数据库索引技术明显已无法满足时代的需求，因而，对数据库索引进行优化成了当前亟待解决的问题。

基于此种形势，作者写作了此书，本书首先对数据库物理结构及数据库索引进行了介绍，而后分别阐述了空间数据库索引设计与优化、内存数据库索引设计与优化、图像数据库索引设计与优化、嵌入式数据库索引设计与优化及实时数据库索引设计与优化，希望能为数据库索引技术的研究者提供借鉴。

在本书的写作过程中，作者花费了大量时间，翻阅了大量资料，并且就有些问题咨询了相关的专家，以求提高本书的价值。但是，由于作者能力有限，本书可能还存在许多不足之处，希望广大读者批评指正。最后，诚挚地感谢在本书的写作过程中给予作者帮助的广大亲友！

编者

2018.8

目 录

第一章　数据库索引概述

　　数据库设立的一个主要目的就在于实现对之进行高效的管理。伴随着信息化程度的不断加深，因特网技术的不断发展，数字信息呈现出爆炸式、几何级数增加的趋势，数字信息的存储总量越来越大，这给数据存储及管理技术带来了新的挑战。同时，数据的格式和种类也在不断增加，而且数据的类型也由简单的字符处理向字符及图像处理的方向发展。面对着这样的形势，如何准确高效地从海量的信息中查询到想要的数据，已成为数据库设计人员的首要任务。

第一节　数据库物理结构

一、数据库结构

（一）基本结构

　　数据库的基本结构分三个层次，反映了观察数据库的三种不同角度。

　　1.物理数据层

　　它是数据库的最内层，是物理存储设备上实际存储的数据的集合。这些数据是原始数据，是用户加工的对象，由内部模式描述的指令操作处理的位串、字符和字组成。

　　2.概念数据层

　　它是数据库的中间一层，是数据库的整体逻辑表示。指出了每个数据的逻辑定义及数据间的逻辑联系，是存储记录的集合。它涉及的是数据库所有对象的逻辑关系，而不是它们的物理情况，是数据库管理员概念下的数据库。

　　3.逻辑数据层

　　它是用户所看到和使用的数据库，表示了一个或一些特定用户使用的数据集合，即逻辑记录的集合。数据库不同层次之间的联系是通过映射进行转换的。

（二）物理结构

在物理层面上，SQL Server 数据库由数据文件组成，而这些数据文件可以组成文件组，然后存储在磁盘上。每个文件包含许多区，每个区的大小为64K，由8个物理上连续的页组成（一个页8K），SQL Server 数据库中数据存储的基本单位为页。为数据库中的数据文件（.mdf 或.ndf）分配的磁盘空间可以从逻辑上划分成页（从0到n连续编号）。页中存储的类型有：数据、索引和溢出。

1. 文件和文件组

在SQL Server 中，通过文件组这个逻辑对象对存放数据的文件进行管理。在顶层是数据库，由于数据库是由一个或多个文件组组成，而文件组是由一个或多个文件组成的逻辑组，这样可以把文件组分散到不同的磁盘中，使用户数据尽可能跨越多个设备，多个I/O运转，避免I/O竞争，从而均衡I/O负载，克服访问瓶颈。

2. 区和页

文件是由区组成的，而区由8个物理上连续的页组成，由于区的大小为64K，所以每当增加一个区文件就增加64K。页中保存的数据类型有：表数据、索引数据、溢出数据、分配映射、页空闲空间、索引分配等。

在数据页上，数据行紧接着页头（标头）按顺序放置；页头包含标识值，如页码或对象数据的对象ID；数据行持有实际的数据；最后，页的末尾是行偏移表，对于页中的每一行，每个行偏移表都包含一个条目，每个条目记录对应行的第一个字节与页头的距离，行偏移表中的条目的顺序与页中行的顺序相反。

二、数据库的结构种类

数据库通常分为层次式数据库、网络式数据库和关系式数据库三种。而不同的数据库是按不同的数据结构来联系和组织的。

（一）数据结构模型

1. 数据结构

所谓数据结构是指数据的组织形式或数据之间的联系。如果用D表示数据，用R表示数据对象之间存在的关系集合，则将DS＝（D，R）称为数据结构。例如，设有一个电话号码簿，它记录了n个人的名字和相应的电话号码。为了方便地查找某人的电话号码，将人名和号码按字典顺序排列，并在名字的后面跟随着对应的电话号码。这样，若要查找某人的电话号码（假定他的名字的第一个字母是Y），那么只须查找以Y开头的那些名字就可以了。该例中，数据的集合D就是人名和电话号码，它们之间的联系R就是按字典顺序的排列，其相应的数据结构就是DS＝（D，R），即一个数组。

2. 数据结构种类

数据结构又分为数据的逻辑结构和数据的物理结构。数据的逻辑结构是从逻辑的角度（即数据间的联系和组织方式）来观察数据、分析数据，与数据的存储位置无关。数据的物理结构是指数据在计算机中存放的结构，即数据的逻辑结构在计算机中的实现形式，所以物理结构也被称为存储结构。这里只研究数据的逻辑结构，并将反映和实现数据联系的方法称为数据模型。比较流行的数据模型有三种，即按图论理论建立的层次结构模型和网状结构模型以及按关系理论建立的关系结构模型。

（二）层次、网状和关系数据库系统

1. 层次结构模型

层次结构模型实质上是一种有根结点的定向有序树（在数学中"树"被定义为一个无回的连通图）。这个组织结构图像一棵树，校部就是树根（称为根结点），各系、专业、教师、学生等为枝点（称为结点），树根与枝点之间的联系称为边，树根与边之比为1∶N，即树根只有一个，树枝有N个。按照层次模型建立的数据库系统称为

层次模型数据库系统。IMS（Information Management System）是其典型代表。

2. 网状结构模型

按照网状数据结构建立的数据库系统称为网状数据库系统，其典型代表是DBTG（Data Base Task Group）。用数学方法可将网状数据结构转化为层次数据结构。

3. 关系结构模型

关系式数据结构把一些复杂的数据结构归结为简单的二元关系（即二维表格形式）。例如某单位的职工关系就是一个二元关系。由关系数据结构组成的数据库系统被称为关系数据库系统。在关系数据库中，对数据的操作几乎全部建立在一个或多个关系表格上，通过对这些关系表格的分类、合并、连接或选取等运算来实现数据的管理。dBASEII 就是这类数据库管理系统的典型代表。对于一个实际的应用问题（如人事管理问题），有时需要多个关系才能实现。用 dBASEII 建立起来的一个关系称为一个数据库（或称数据库文件），而把对应多个关系建立起来的多个数据库称为数据库系统。dBASEII 的另一个重要功能是通过建立命令文件来实现对数据库的使用和管理，对于一个数据库系统相应的命令序列文件，称为该数据库的应用系统。因此，可以概括地说，一个关系称为一个数据库，若干个数据库可以构成一个数据库系统。数据库系统可以派生出各种不同类型的辅助文件和建立它的应用系统。

第二节　数据库索引介绍

一、索引概述

索引（Index）是数据库中的一个独特的结构，提供查询的速度。由于它保存数据库信息，就需要给它分配磁盘空间和维护索引表。创建索引并不会改变表中的数据，它只是创建了一个新的数据结构指向数据表。在使用字典查字时，首先要知道查询单词起始字母，然后翻到目录页，接着查找单词具体在哪一页，这时目录就是索引表，而目录项就是索引了。当然，索引比字典目录更为复杂，因为数据库必须处理插入、删除和更新等操作，这些操作将导致索引发生变化。

（一）创建索引的优缺点

索引的一个主要目的就是加快检索表中数据的方法，亦即能协助信息搜索者尽快找到符合限制条件的记录ID 的辅助数据结构。从数据搜索实现的角度来看，索引也是另外一类文件/ 记录，它包含着可以指示出相关数据记录的各种记录。其中，每一索引都有一个相对应的搜索码，字符段的任意一个子集都能够形成一个搜索码。这样，索引就相当于所有数据目录项的一个集合，它能为既定的搜索码值的所有数据目录项提供定位所需的各种有效支持。

1. 建立索引的优点

通过建立索引可以极大地提高在数据库中获取所需信息的速度，同时还能提高服务器处理相关搜索请求的效率，从这个方面来看它具有以下优点：

（1）在设计数据库时，通过创建一个唯一的索引，能够在索引和信息之间形成一对一的映射式的对应关系，增加数据的唯一性特点。

（2）能提高数据的搜索及检索速度，符合数据库建立的初衷。

（3）能够加快表与表之间的连接速度，这对于提高数据的参考完整性方面具有重要作用。

（4）在信息检索过程中，若使用分组及排序子句进行时，通过建立索引能有效地减少检索过程中所需的分组及排序时间，提高检索效率。

（5）建立索引之后，在信息查询过程中可以使用优化隐藏器，这对于提高整个信息检索系统的性能具有重要意义。

2. 建立索引的缺点

虽然索引的建立在提高检索效率方面具有诸多积极的作用，但还是存在下列缺点：

（1）在数据库建立过程中，需花费较多的时间去建立并维护索引，特别是随着数据总量的增加，所花费的时间将不断递增。

（2）在数据库中创建的索引需要占用一定的物理存储空间，这其中就包括数据表所占的数据空间以及所创建的每一个索引所占用的物理空间，如果有必要建立起聚簇索引，所占用的空间还将进一步增加。

（3）在对表中的数据进行修改时，例如对其进行增加、删除或者是修改操作时，索引还需要进行动态的维护，这给数据库的维护速度带来了一定的麻烦。

（二）创建索引

使用命令行处理器来创建索引，可输入以下形式的语句：

CREATE INDEX <name> ON <table_name> （<column_name>）

可以创建一个索引，它将允许重复值，即非唯一索引，以便于可以按照非主关键字的列来执行有效搜索。也允许在构成索引的一列或多列中存在的重复值。下列SQL语句根据EMPLOYEE表中的LSATNAME来创建一个非唯一索引，索引名为LNAME并且按照升序排序：

CREATE INDEX <name> ON EMPLOYEE（LASTNAME ASC）

以下SQL语句基于电话号码列来创建唯一索引：

CREATE UNIQUE INDEX PHONE MPLOYEE （PHONENO DESC）

唯一索引确保在构成索引的一列或多列中不存在重复值。在更新或插入行的SQL语句的结尾，实现这个约束。如果一个或多个列组成的集合已经有重复的值，那么就不能在它上面创建这类索引。

关键字ASC 按照列的升序来排列这些索引项，而DESC 则按照列的降序排列。默认时为升序。

（三）创建双向索引

使用CREATE INDEX 语句创建索引时，如果指定ALLOW REVERSE SCANS 参数则创建的索引可以向左或者向右扫描。也就是说，这些索引支持按照在反方向创建和扫描索引时所定义的方向来进行索引。这个SQL 语句如下。

CREATE INDEX iname ON tname（cname DESC）ALLOW
REVERSE SCANS

在这种情况下，基于给定列（cname）中的递减值（DESC）形成索引（iname）。尽管列上的索引定义用来按照递减次序扫描，但通过允许反向扫描，也可以按照升序来扫描。实际上没有使用这两个方向上的索引，创建和考虑存取模式时由优化器控制这些索引的使用。

（四）创建集群索引

以下SQL 语句在EMPLOYEE 表的LASTNAME 列上创建一个群集索引，名为INDEX 1：

CREATE INDEX INDEX 1 ON EMPLOYEE （LASTNAME）
CLUSTER

为了让语句更加高效，可以通过与ALTER TABLE 语句相关的PCTFREE 参数来使用群集索引，这有利于将新数据插入到正确的页上，从而维护该群集的次序。一般来说，表上的INSERT 操作越多，为维护群集所需要的PCTFREE 值就越大。因为群集索引确定数据在物理页上放置的次序，所以在任何特定的表上只能定义一个群集索引。

另一方面，如果新行的索引关键字值总是新的大关键字值，那么表的群集属性将会尝试把它们放到表的末尾。其他页上有空闲空间对保持群集没有什么作用。在这种情况下，将表设置为追加方式可能优于使用群集索引，改变表来拥有一个大的PCTFREE值。可以通过执行如下命令来将表设置为追加方式：ALTER TABLEAPPEND ON。

以上讨论同样适用于增大行大小的UPDATE操作引起的新的"溢出（overflow）"行。

（五）完全索引访问（index access only）

CREATE INDEX语句的INCLUDE子句指定在创建索引时，可以选择包含附加的列，这些附加的列数据将与键存储在一起，但实际上它们不是键自身的一部分，所以不会被排序。在索引中包含附加列的主要原因是为了提高某些查询的性能，这样做DB2有时将不需要访问数据页，因为索引页已经提供了数据值。只能为包含的列定义唯一索引，但在强制执行索引的唯一性时不考虑被包含的列。

假设经常需要获取EMPNO排序的员工的列表。查询将如下所示：

CREATE EMPNO，EMPNAME FROM EMP ORDER BY
EMPNO

下面的语句会创建一个可以提高性能的索引：

CREATE UNIQUE INDEXIEMPNO

ON EMPNO（EMPNO）INCLUDE（EMPNAME）

结果，查询结果所需的所有数据都存在于索引中，不需要检索数据页。那么，为什么不干脆在索引中包含所有的数据呢? 首先，这需要数据库中的更多物理空间，因为本质上数据在索引中是被复制的；其次，只要更新了数据的值，数据的所有副本都需要更新，在数据更新操作频繁的数据库中，这会是一项很大的开销。

（六）索引页合并与分裂

CREATE INDEX语句的MINPCTUSED子句指定在索引叶页上最

小已用空间的阈值。如果使用这个子句，那么可以对这个索引启用联机索引重组。一旦启用了联机索引重组，则可以参照以下的事项来确定是否执行联机重组：当从索引的一个索引叶子页（leaf 中删除一个关键字（key）后，如果该页上已用空间的百分比小于所指定的阈值时，那么就检查相邻的索引叶页来确定是否可以将两个叶页上的关键字合并到单个索引页中。例如，下列SQL 语句创建启用联机索引重组的索引。

CREATE INDEX LASTN ON STUDENT （LASTNAME）M
INPCTUSED 20

当从这个索引删除某个关键字时，如果这个索引页上的其余关键字占用索引页上20%或者更小的空间，那么就会尝试将这个索引页的关键字与相邻索引页的关键字进行合并，来删除这个索引页。如果关键字能够全部组合位于一页上，那么就将执行这个合并，并删除其中一个索引页。

在创建索引时，CREATE INDEX 语句的PCTFREE 子句用来指定每个索引页中要留作空闲空间的百分比。如果在索引页上保留更多的空闲空间将会导致更少的页分割，这可以减少为重新获得顺序索引页面而重组表的需要，从而增加预存取，而预存取是一个可以提高性能的重要部件。此外，如果总是存在大关键字值，那么就应该考虑降低CREATE INDEX 语句的PCTFREE 子句的值。

对于只读表上的索引，设置PCTFREE 为0；对于其他索引，PCTFREE 值可高为10，以提供可用的空间，从而加快插入操作的速度。此外，对于有群集索引的表来说，这个值应该更大一些，以确保群集索引不会被分成太多的碎片。如果存在大量的插入操作，那么这个值可以设置得更大一些，比如使用15 到35 之间的值或许会更合适。

二、索引的使用

聚集索引，索引的叶级节点是表的实际数据行，通过聚集索引来检索SQL 数据时不需要指针跳动就可以获得相关的数据页。

聚簇索引适用于具有下列属性的列：主键及外键列；经常使用的查询列；查询列中包含ORDER BY 或GROUP BY 子句。因为聚集索引已经按顺序排序，查询中不必再排序；不经常修改的列；在连接操作中使用的列；要求返回许多行的查询，因为索引的叶级节点是表的实际数据行，读索引已经把表里的数据全部读到；使用运算符（如BETWEEN、>、>=、< 和<=）返回一个区间的值。例如，在"学生表"中"学号"列上建聚集索引，能根据学号快速检索到起始学号所在的行，然后检索此行后所有连续的行，直到检索到终止学号所在的行。

聚集索引不适用于具有下列属性的列：第一，经常修改的列，因为值修改后，索引需要重新排序，增加了维护开销。第二，索引列包含若干列或若干大型列的组合。因为非聚集索引项包含聚集索引键列，同时也包含为此非聚集索引定义的键列，聚集索引数据长度增大，同一表中的非聚集索引也将随之增大。

在非聚集索引中，叶级节点仅包含组成该索引的列中的所有数据以及快速找到相关数据页上其他数据的指针。当用非聚集索引检索表中与键值匹配的信息时，将搜索整个索引B 树，直到在索引叶级找到一个与键值匹配的值。如果需要的列不是组成索引的一部分，则会发生指针跳动，跳到所指向的聚集索引的叶级结点或者堆中。

非聚簇索引适用于具有下列属性的列：一是主键及外键列。二是在连接操作中使用的列。三是查询列中包含GROUP BY 或order by 子句。四是常用于集合函数（如AVG，…）的列，因为可以直接通过索引键值计算需要的结果，不必访问数据块。五是不返回大型结果集的查询。

　　非聚集索引由于B树的节点不是具体数据页，有时候可能导致非聚集索引甚至不如扫描表快。但如果要查询的内容，在非聚集索引中被覆盖了，则不需要继续到聚集索引中寻找数据了，这时候可以创建覆盖索引，使索引项中包含查寻所需要的全部信息。如果非聚簇索引中包含结果数据，那么它的查询速度将快于聚簇索引。但由于覆盖索引的索引项比较多，要占用比较大的空间，更新操作会引起索引值改变。所以如果潜在的覆盖查询并不常用或不太关键，则覆盖索引的增加反而会降低性能。

　　另外，SQL Server2008 增加了筛选索引这一新特性，它使我们可以向索引增加WHERE 子句，这样就可以将索引聚焦到被选中的行上，信息更加准确，提高了查询性能。对表更新时，仅在对索引中的数据产生影响时才进行维护，减少了索引维护开销。创建筛选索引还可以减少非聚集索引的磁盘存储开销。

三、索引的基本结构

　　假设磁盘上的数据是物理有序的，那么数据库在进行插入、删除和更新操作时，必然会导致数据发生变化，如果要保存数据的连续和有序，就需要移动数据的物理位置，这将增大磁盘的I/O，使得整个数据库运行非常缓慢；使用索引的主要目的是使数据逻辑有序，使数据独立于物理有序存储。为了实现数据逻辑有序，索引使用双向链表的数据结构来保持数据逻辑顺序，如果要在两个节点中插入一个新的节点只需要修改节点的前驱和后继，而且无须修改新节点的物理位置。

　　如下页图所示，索引叶节点包含索引值和相应的RID（RowID），而且叶节点通过双向链表有序地连接起来；同时数据表不同于索引叶节点，表中的数据无序存储，它们不全是存储在同一表块中，而且块之间不存在连接。总的来说，索引保存着具体数据的物理地址值。

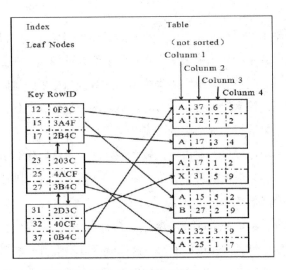

索引的叶节点和相应的表数据

四、索引类型

索引分为聚集索引和非聚集索引。

（一）聚集索引

聚集索引的数据页是物理有序地存储，数据页是聚集索引的叶节点，数据页之间通过双向链表的形式连接起来，而且实际的数据都存储在数据页中。查询时，数据库首先根据索引查找，找到索引值后，接着查找该索引的数据页（叶节点）获取具体数据。如果没有索引，则查询时会进行全表的遍历。

（二）非聚集索引

非聚集索引是物理存储不按照索引排序，非聚集索引的叶节点（Index Leaf Pages）包含着指向具体数据行的指针或聚集索引，数据页之间没有连接是相对独立的页。

1. 堆表非聚集索引

在没有聚集索引的情况下，表中的数据页是通过堆（Heap）形式进行存储，堆是不含聚集索引的表；SQLServer中的堆存储是把新的数据行存储到最后一个页中。非聚集索引通过双向链表连接，而叶节点包含指向具体数据行的指针。堆表中查询信息时，首先遍历索引，获取到指针信息，再根据指针信息获取相应数据页中的数据。

2. 聚集表非聚集索引

当表上存在聚集索引时，任何非聚集索引的叶节点就不是指针值，而是包含聚集索引的索引值。非聚集索引依然通过双向链表连接，但叶节点包含的是索引表的索引值。在聚集表中查询信息时，首先遍历索引，获取索引值，然后根据索引值获取相应数据页中的数据。

五、索引使用的误区与维护

通过索引，可以加快数据的查询速度和减少系统的响应时间，可以使表和表之间的连接速度加快。但是，不是在任何时候使用索引都能够达到这种效果。若在不恰当的场合下，使用索引反而会事与愿违。

（一）索引使用的误区

1. 索引多多益善

索引的优点有目共睹，但创建索引和维护索引都需要花费时间与精力。索引是数据库中实际存在的对象，占用一定的物理空间。若索引多了，不但会占用大量的物理空间，而且也会影响到整个数据库的运行性能。有些列其数据类型较特殊，如文本类型（TXT）、图像类型（IMAGE）等，如果表中的列属于这些数据类型，则最好不要为其建立索引。这些字段长度不确定，一般是空字符串或者长字符串。若这些列上建立索引，要占用空间和维护困难，反而会降低数据库的整体性能。

2. 只要建立索引就能显著提高查询速度

在"教材调查表"中"是否为新书"列取值只有"0"和"1"，在"是否为新书"列上添加索引就不会显著地增加查询速度。相反，因为需要占用空间，反而会降低数据库的整体性能。教材调查表中共有20万条记录，列"是否为新书"取值为"1"的记录共17万条，在"是否为新书"列上不创建索引和创建非聚集索引查询的速度为：

（1）在"是否为新书"列上不创建任何索引：select*from dbo. jiaocai where sfxs='1'用时：13374ms。

（2）在"是否为新书"列上创建非聚集索引：select*from dbo. jiaocai where sfxs='1'用时：13234ms。

通过例子可以发现，并非在任何字段上简单地建立索引就能提高查询速度。因为此查询返回大量结果集，不仅要读索引页，还要读大部分数据页，所以性能无显著提高。

（3）采用MS SQL SERVER默认的聚集索引"教材调查表"的ID列为主键，设置为自动增长，步长为1，MS SQL SERVER默认在主键上建立聚集索引，那么数据将按照ID列的值进行排序。但实际上很少根据这个列值对表进行操作，所以表中唯一的聚集索引并不能起到作用。

（二）索引的维护

底层表的数据在添加、更新、删除操作中会产生索引碎片，导致查询速度变慢，需要对某些重要的表进行定期索引扫描并针对合符要求的索引进行重新组织或重新生成工作。一般碎片>5%并且<=30%时，使用重新组织的方法速度比索引重建快；碎片>30%时，索引重建的速度比重新组织要快。

整理索引碎片的方法如下：

（1）重新组织索引。索引碎片不太多时，可以重新组织索引。重新组织索引是通过对叶页进行物理重新排序，使其与叶节点的逻辑顺序相匹配，从而对表或视图的聚集索引和非聚集索引的叶级别进行碎片整理。重新组织还会压缩索引页。采用ALTER INDEX......REORGANIZE 语句重组索引。

（2）重新生成索引。重新生成索引将会删除并重新创建索引。这将根据指定的或现有的填充因子设置压缩页来删除碎片、回收磁盘空间，然后对连续页中的索引行重新排序。这样可以减少获取所请求数据所需的页读取数，从而提高磁盘性能。采用ALTER INDEX......REBUILD 语句重新生成索引。

（3）DROP INDEX 语句删除索引，然后使用一个单独的CREATE INDEX 语句重新创建该索引。通过这种方式重新生成索引，索引将彻底重建。但是这些会阻塞所有的查询，最好是在索引碎片十分严重并且使用REBUILD 无法达到效果的情况下使用。

第二章 空间数据库索引设计与优化

随着地理信息系统的应用越来越普遍，对空间数据库的设计和响应速率的要求也越来越高。地理信息系统的开发少不了空间数据库的支持，由于空间数据多时空性、多尺度与多态性等独有的特性，决定了空间数据具有复杂性及海量性特点，使得空间数据库的响应速率比较低。空间数据库的设计与性能优化技术，已经成为当今学者研究的一个重要课题。

第一节　空间数据库索引技术

一、空间数据库索引技术概述

空间数据是用来表达空间实体（Geospace，这里指地理空间）的位置、外形和地理分布等信息的数据，不仅包括空间实体本身的空间位置信息及属性信息，还包括表示空间实体的空间关系信息，适合用来描述二维、三维和多维分布的关于空间区域的现象。空间数据描述了现实世界中事物的空间特征和过程，记载了地理事物的位置、拓扑关系、几何特征和时间特征，其中地理事物的位置特征和拓扑关系特征是空间数据特有的特征。

（一）基本特征

空间数据是GIS的核心，是构建空间数据库的基础，具有区别于一般数据的特征，在实际应用中空间数据具有以下特征：

（1）时空特征：空间数据的时空特征是指空间数据具有时间性和空间性。时间特性指采集空间数据的时间或某种地理现象的发生时间；空间特性指空间对象存在于现实世界的位置及与其他空间对象的关系等。空间特性是空间数据最基本的特征，记录了地理空间中地理实体的分布位置和几何形状等信息。

（2）多维特征：空间数据具有多维结构的特征。在地理空间中，空间对象本身具有各种性质，地理空间数据可以表现空间的多维和时间维，也可以表现空间对象的各种属性特征。

（3）多尺度特征：空间数据的多尺度特征表现为空间多尺度和时间多尺度。空间多尺度指地理空间的范围大小或规模的大小，可以划分为不同的层次；时间多尺度指空间数据有一定的时间规律，周期长短不相同。

（4）海量数据特征：GIS 地理空间数据量是巨大的。一个城市地理信息系统的数据量就可能达到几十GB，如果考虑影像数据的存储，就会变得更大。由于GIS 的海量数据，对系统的存储、运算、传输等提出了很高的要求。

（二）空间数据库索引技术理论基础

第一，空间对象：在现实中，具有空间特性的实体，这里称之为空间对象。

第二，空间数据：为了便利计算机存储和处理，常常需要将空间对象进行一定的抽象，进而抽取出能够表达空间对象的空间位置的信息数据，这里称之为空间数据。

第三，空间数据项：由大量的空间对象抽象出来的空间数据均为不规则的多边形。若对其进行精确空间操作，所耗费的时间开销是巨大的。为了降低运算开销，很多空间数据库索引结构都采用了对空间数据使用了近似技术，用一个能够完全包围空间对象的最小简单形体来近似表达空间对象，这里称此最小简单形体为空间数据项。

1. 空间关系

在实际的查询操作中，空间对象之间的空间关系是最为重要的。只有给定了与查询相关的空间关系，才能从大量的空间对象中，检索出符合查询条件的所有空间对象。空间关系包含以下几个类别：

（1）拓扑关系：包括交叠、包含、相离等。

（2）方位关系：例如，查询在某个空间对象的上面、北面等的空间对象。

（3）度量关系：例如，查询某个空间对象的属性值满足一定的条件等。

在上面的几个类别中，拓扑关系是最基本的，而且也被广泛研究。

2. 空间检索

空间检索是指从空间数据库中查找出满足特定条件的空间对象的处理过程（查询的条件与目标对象的空间关系及空间位置有关），例如查找与特定区域交叠的所有空间对象或者被特定区域完全包含的空间对象，抑或找出与空间对象P具有特定的空间关系（如交叠、穿越、相接等）的所有空间对象等。

在实际的应用领域，例如GIS，空间检索操作频繁发生，空间检索成为了这些应用系统的成败关键点。空间检索又称空间查找或空间查询。按照查找条件的不同，一般分为如下两大类：

（1）点查询：给定查询的空间点，查找所有包含该点的空间对象。

（2）区域查询，又可进一步细分如下。

相交查询：给定一查询区域，查找所有与之相交的空间对象。

包含查询：给定一查询区域，查找所有包含该区域的空间对象或所有包含于该区域内的空间对象。

这里假定查询区域往往是边与坐标轴平行或垂直的矩形。点查询和包含查询可以方便的借助于相交查询。因为点查询可以看成是相交查询的一种特例，即被查询区域是点；包含查询可以通过对相交查询所得到的查询结果进行过滤而得到，即剔除不被查找区域完全包含的空间对象。

3. 空间目标近似

现实应用中，大量的空间对象均为多边形。若对其进行精确空间位置与扩展的操作（如相交、包含），这些操作的时间开销是巨大的。为了有效降低计算量，很多空间数据库索引结构都采用了对空间对象进行近似技术：即用一个能够完全包围空间对象的最小的简单形体（如矩形、圆等）来近似表达空间目标。查询的时候，先查询出满足查找条件的所有简单形体，然后对每个简单形体提取对应空间对象的具体几何信息进行计算，以判定该对象是否满足查询条件。这样可以减少查询过程中大量不必要的复杂的空间操作。目前，常用的目标近似技术有以下几种：

（1）最小外包"矩形"，即MBR/MBB（Minimum Bounding Rectangle/Box）：用空间对象的最小外包"矩形"（边与空间轴平行）近似表达空间目标。

（2）最小外包"圆"，即MBS/MBC（Minimum Bounding Sphere/Circle）：用空间对象的最小外包"圆"近似表达空间目标。

（3）最小外包"M边形"，即m-corner（Minimum bounding m-comer）：用完全包围空间对象的最小"m边形"近似表达空间目标。

这里，"矩形""圆""M边形"可以扩展到多维空间成为"超矩形""超球"和"空间多面体"。

4. 基于目标近似的空间检索过程

对于采用了空间目标近似的空间索引技术，其空间检索处理过程包括如下三个步骤：第一，通过对空间索引结构进行剪除或缩减来查找空间，得到候选目标的超集。第二，通过对候选目标的近似表示（如MBR），过滤其中不满足查找条件的目标。这一步的效率依靠目标的近似技术，若近似精度高，就可以过滤更多的非结果目标，从而减少后面的不必要的空间操作。第三，提取所剩候选目标的精确几何信息进行计算，得到查找结果。显然，多步的检索策略通过索引机制有效地减少了外存页的访问以及多余数据的提取，通过近似机制有效地减少了计算时间。

二、空间数据结构

空间数据结构是空间数据的一个合理有效的组织，方便了计算机进行的各种操作，数据结构常常被当作数据模型和文件格式的中介。数据模型和数据结构之间只有概念的区别，事实上，数据模型是数据表达的概念模型，数据结构是数据表达的物理实现，前者是后者的基础，后者是前者的具体实现。矢量数据结构主要应用于CAD系统和矢量GIS的功能强大的绘图能力，栅格数据结构则广泛应用于图像处理系统和栅格地理信息系统。大多数地理信息系统都同时采用矢量模型和栅格模型，并且同时采用适用于这两种模型的数据结构，不同的数据结构应用于不同的数据处理。

（一）矢量数据结构

矢量数据结构是表现空间实体分布的一种组织数据的方式，在几何学中，它采用点、线、面及其组合来描述数据结构。地理空间中的点、线、面等空间实体，我们用描述坐标的方法来表示。矢量数据结构主要分为Spaghetti结构和拓扑矢量数据结构。当前，基于二维空间的矢量数据模型在GIS领域得到了最广泛的应用，同时它在传统地图表达方面也最有着不俗的表现。矢量方法比较关注离散现象的存在，现实世界的事物都可以看作二维空间的点、线、面，用空间实体对现实世界进行抽象表达。矢量数据结构的空间离散方法在本质上是一系列的转化，将地理空间中的面（Region）转化为边界线，再用点来表示线，最后点用坐标来表示，这样经过一系列的转化就能表示空间实体。在矢量数据模型中，现实世界中的事物用边界来进行抽象表达，即空间对象的边界、空间位置及其几何关系用点、线和多边形（Polygon）来刻画，点的空间坐标用来表示空间位置，并且组织好属性数据，方便与空间特征数据一起来描述地理事物及其之间的相互关系。空间实体的几何属性通过点的空间坐标来计算。

1.Spaghetti 结构

在非拓扑矢量数据结构中，我们把空间数据用基本的空间对象（点、线、多边形）来进行组织，地理事物用一系列的坐标串来表示，这种结构记录了空间实体的形状，但没有考虑空间实体间的拓扑关系，其空间实体间的拓扑关系必须经过检索整个空间的数据，还要进行大量的计算才能够得出，适合于制图系统。Spaghetti 结构是无拓扑矢量数据结构最典型的代表。Spaghetti 结构是比较简便的矢量数据结构，早期的GIS 软件，以及现在的一些桌面绘图或制图系统常采用这种结构。Spaghetti 结构主要面向多边形来组织数据，并将多边形边界看作线的简单闭合，不属于任何多边形的线和点。

Spaghetti 结构是指每个点、线、面都直接表达了它的空间目标，即：

点目标：唯一标识码，（X，Y）

线目标：唯一标识码，（X1，Y1，…，Xn，Yn）

面目标：唯一标识码，（X1，Y1，…，Xn，Yn，X1，Y1）

ESRI 公司推出的shapefile 文件格式是典型的Spaghetti 结构，shapefile 主要由主文件（.shp）、索引文件（.shx）和DBASE 表（.dbf）组成。其中主文件是可变长度的记录，可以直接存取文件，记录描述一个图是由多个顶点组成的。在索引文件中，索引文件的每条记录都记载了主文件中相应记录对于主文件头的偏移。DBASE 表保存了属性是属于一条记录的，图和属性之间是一对一关系。主文件中的记录序列和DBASE 表文件具有相同的排序。

2.拓扑矢量数据结构

拓扑矢量数据是一种具有拓扑结构的数据，对空间数据进行组织。关于一幅地图，拓扑矢量模型对地图中的基本元素（点、线、面）进行抽象，只关注它们之间的相互关系，不考虑它们的位置。拓扑模型将空间中的点、线、多边形和空间实体间的某些拓扑关系直接存储于表中。拓扑模型在某些方面具有较强的能力，比如组织空间数据、表达拓扑关系、数据模型的拓扑一致性检验及图形恢复等方面，如Arc/Info，Coverage，TIGER。在地理信息系统（GIS）大部分应用中，拓扑矢量数据结构主要包括多边形结构。按照拓扑矢量数据结构能够构建点、线、多边形的有效联系，提高了存取效率。

拓扑矢量数据结构中最基本的拓扑关系有关联（Relevance）、邻接（Adjoin）和包含（Enclosed）。关联表示不同元素的关系，如结点和链、链和多边形等；邻接是相似的元素之间的关系，如节点和节点、链和链、表面和表面等；包含是空间图形和另一个空间图形之间的关系，一个空间图形完全覆盖另一个空间图形，这样的关系就称为包含。

（二）栅格数据结构

栅格数据结构又称为网格结构（Grid Cell）或像元结构（Pixel），是一种容易操作、容易理解的数据结构。栅格数据模型是一种将连续空间离散化的方法，它根据一定的划分规则将地理区域的平面表象进行行和列的划分，成为大小相同、均匀分布、紧密相邻的网格阵列，每个网格就是一个像元或像素，地理实体由占据像元的行和列的位置决定。栅格数据结构本质上是一个像元阵列，在矩阵像元集的形式下，形成一个规则的网格阵列编码图，数字编码的本质就是矩阵。栅格数据结构中一个基本单位就是一个像元，像元的位置由其所在网格阵列的行和列决定，空间实体或属性用像元表示。栅格数据结构对地理空间实体的点、线、面要素都是通过栅格来表示的。点实体用一个栅格单元表示；线实体用一组相连的和线方向一致的栅格单元表示，每个栅格最多有两个相连的栅格在同一条线上；利用相邻网格单元区域属性表示记录表面的实体，每个网格单元可以有两个以上的相邻网格单元属于同一区域。因此，点、线、面要素在栅格数据结构中都是采用同样的方法来表达的，具有十分简单的形式。

用栅格数据模型表达现实世界时，现实世界中的要素在模型中都是由某些单元网格组成。网格的位置表示了现实世界中要素的位置，即要素的空间位置是由笛卡尔平面网格中的行号和列号坐标来表示的，而对应地理实体的属性代码值被赋予给了相应的栅格点。我们给每个像元在一个网格阵列中赋一个值，如果相同的像元要表示不同属性的事物就必须利用多个笛卡尔平面网格。每个笛卡尔平面网格都称为图层（Layer），可以用来表示一种类型的空间数据，比如铁路图层或是河流图层。在栅格数据结构中地理空间数据是应用分层的概念进行保存的，每一个图层都用来表示单一的属性数据层或专题信息层，其中图层栅格中的像元记录了特殊的地理现象，每个像元的值都表示了一个类别。例如，同样以线性特征表示的地理要素，道路能够组织为一个图层，水系可以组织为另一图层，这两个图层分别记录着道路和水系的相关信息；同样以多边形特征表示的地理要素，植被能够组织为一个图层，土壤可以组织为另一图层，用户可以按照使用目的的不同，确定哪些层及哪些属性信息需要建立。

三、空间数据的存储方式与过程

管理空间数据信息的关键在于良好的空间数据存储模式。目前对空间数据的存储，有以下几种方式：

（1），文件系统与关系数据库混合方式。由于空间数据具有和一般数据不同的特征，纯粹的关系模型在表达这些特征时不太自然，所以采用文件来存储几何图形数据，而采用关系数据库存储属性数据，它们之间通过映射的方式进行连接。但是文件系统在数据安全性、一致性、完整性、数据损坏后的恢复等方面存在缺陷，尤其在多用户并发访问方面存在不足。然而它绕开了将空间数据映射到关系模型这个问题，且可以根据具体的应用需求制定适当的文件格式，以达到较高的效率。

（2）完全关系型方式。这种方式将几何图形数据和属性数据都用现有的关系数据库进行管理。用关系模型存储几何数据一般有两种模式，第一种是将基本的几何数据定义为实体（点的坐标，直线段，三等面片），而将复杂的几何数据映射为和基本几何数据的一对多关系。这样查询效率不高，且需多次的表连接操作。第二种模式采用数据库提供的二进制BLOB类型来存储复杂的几何数据。数据库在处理二进制BLOB类型，需要额外的开销。BLOB类型的容量大小也要仔细考虑，以保证较高的吞吐率。

（3）对象—关系数据库方式。目前许多数据库系统软件商对关系数据库系统进行扩展，使之能处理非结构化的数据。这种存储方式突破了关系模型的第一范式的要求，提供了更加灵活的数据类型，并且支持类似数组的集合数据类型，为存放复杂的空间结构提供了一些便利。这种方式的不足之处是不同厂商之间的扩展很不一样，导致查询的SQL语言各不相同，需要使用较为专用的数据库访问接口才能在应用程序中使用面向对象的特性。

（4）完全面向对象方式。这种方式是基于一个完全面向对象的数据库系统作为平台。它们为面向对象的开发环境提供了相应的数据存储。但是由于面向对象数据库系统还不够成熟，在标准的SQL接口下，访问关系型数据库的面向对象程序很容易写，相反面向对象数据库在支持标准的SQL还存在不少问题，反而为关系数据库中易于处理的属性数据的存储和查询带来不便。

（5）利用空间数据引擎的中间件方式。这种方式以关系数据库系统作为数据的存放点，但是终端用户并不直接和关系数据库进行交互，而是和一个空间数据引擎中间件交互。空间数据引擎类似一个应用服务器（Application Server），它负责与数据库进行交互并为客户端提供一些访问接口。在这种方式下，将数据的物理存储和数据的应用区分开来，可以比较灵活地处理空间数据的特殊操作。

无论采用何，存储方式，均要涉及空间数据的检索操作。在空间数据海量的情况下，检索操作的效率尤为重要。因此，空间数据的索引技术就成为目前空间数据库的研究热点之一。

四、空间数据库索引技术

传统关系型数据库的索引技术相对来说还是比较成熟的，效率也相对较高，有B-树、B$^+$-树、二叉树、ISAM索引、哈希索引等，然而这些索引算法只适合对一维的属性数据进行索引，并不能直接应用于对空间数据进行索引。所以，设计高效的专门用于空间数据库的索引结构势在必行。由于现实的需要，最近，国内外的众多专家学者对空间索引给予了足够的重视，很多相对效率较高的空间索引结构与算法相继被提出。典型的空间索引技术包括R-树索引、四叉树索引、网格索引、空间目标排序等，这些索引结构中很多是基于空间对象的最小包围矩形（MBR）建立的，这些方法在点、线、面的目标索引中各自有着自己的应用特点。当今实际应用中最为流行的空间索引结构是基于R-树的空间索引，但因为R-树的索引机制允许索引空间重叠，对于精确查找操作而言，不能保证搜索路径的唯一性，从而导致多路径查询问题，尽管R树对此进行了改进，但是B$^+$-树又带来了其他问题，B$^+$-树的结点分裂操作复杂，且可能向上级结点及下级结点蔓延，这样就能够导致多次的结点分裂操作，影响了B$^+$-树的性能。另外R$^+$-树采用的是对目标进行的多次存储，随着树的高度不断增加，域查询性能快速下降。现有的空间数据库索引技术用于海量空间数据的索引时，常常由于存储空间的开销剧增或索引空间重叠的剧增，而导致索引性能下降。因此采用鲁棒性的、维数及空间数据量可扩展的索引技术成为一种趋势。

（一）基于二叉树的索引技术

对于关键字可以按某种线性次序排序的数据项（如整数、字符串等）可以使用二叉树索引，二叉树是一种基本的索引数据结构。基于二叉树的空间索引结构主要包括kd-树、K-D-B-树、LSD-树等。kd-树是二叉树索引数据结构的典型代表，它是一种二分索引结构树，主要对空间点进行索引。kd-树结构与二叉树不相同的地方是，kd-树的每一个结点都表示空间中一个点，并且树的每一层都需要依据这层里面的分辨器（Discriminator）做出分枝决策。kd-树是一种二叉树应用于空间索引的一个范例，对于空间点的查找，它的平均查找长度为1+4logn。对于像折线、多边形等非点状空间目标进行查找，必须采用目标近似和空间映射的方法，查询效率比较低。为了索引二维空间的非点状目标，Matsuyama 等提出了基于目标重复存储技术的kd-树—Matsuyama's kd-树（简称Mkd-树）。Mkd-树的目录是一棵kd-树，它的每个叶子结点与一数据页相关联，数据页存储了所有部分或完全包含于其数据空间的目标标识，与多个数据空间重叠的目标被存储在多个数据页中。为了将kd-树存储到外存，提出了K-D-B-树，它由两种基本的存储结构组成：目标结点和索引结点。目标结点存储点目标，索引结点保存了对索引空间的描述及指向下一级索引的指针。为了避免因多次保存空间目标而浪费存储空间的问题，B.C.Ooi 等提出了一种空间kd-树的索引结构，简称skd-树。在skd-树中，用空间目标的中心点（Centroid 来确定目标在二叉树中的位置，同时，对于每个非页结点，与分辨器划分的两个索引空间相对应，增加了两个"虚拟空间"的描述信息，这两个"虚拟空间"指定了完全包围左右子树空间目标的最小目录矩形。但是所有这些基于二叉树的空间索引方法都适合对点目标进行索引，不合适对非点状目标进行索引。

（二）基于 B- 树的索引技术

B- 树及其变体，作为一种动态平衡树，可以进行多条路径的查找，被广泛应用于数据库系统中。当前的空间数据库索引技术，其本质就是利用B- 树的原理而提出的。其中最典型的代表就是R- 树，它最早是由Guttman所提出，R-树基本思想就是将空间目标及索引空间用最小包围矩形（MBR）来近似表示，这样进行计算的时候复杂度就会低一些、保存空间目标占用的空间也会小一点；然后将空间上相邻的空间对象保存在R-树的同一个结点或同一个分枝，这样可以大大降低对空间目标进行索引时外存的访问次数，达到提高效率的目的。然而，R-树的缺点也是比较容易发现的，R-树允许中间结点的索引空间重叠，这样在查找某个目标时，查找路径往往会产生很多条，而且其中很多路径可能并不包含查找结果，这就浪费了很多查找的时间，影响了查找性能。为了解决R-树中索引空间重叠问题，后来人们提出了R^+-树；为了减少查询操作中对外存的访问次数，提出了Cell-树算法。总之这类索引结构如果想要提高查找效率，减少索引空间的重叠是必须要解决的关键问题。

（三）基于哈希的格网技术

哈希索引也被数据库系统广泛应用，是因为哈希索引可以通过哈希函数根据关键字直接定位查找记录。基于哈希的格网技术需要将整个索引空间划分成若干个相等或不等的网格单元，空间中的对象占有不同的网格单元，我们把有关联的网格单元存储在同一个存储单元中。这样就可以通过某种算法直接求出网格的地址，然后便能够对存储在此网格中的空间目标进行索引。根据基于哈希的格网技术的特点，该索引方法主要适用于对二维或三维空间点的索引。R-file等索引算法为该方法的典型算法。虽然类似于R-file的索引方法简化了复杂空间目标的索引，但是对于大型空间数据库而言，效率依然相对较低。

（四）基于空间目标排序法的索引技术

基于空间目标排序的索引方法的基本思想是：根据某种策略将整个索引空间划分成一系列的网格单元，这一点与基于哈希的格网技术非常相似，不同的方面是它需要为每个网格单元指定一个唯一的号码，然后用这些号码获取数字来表示空间对象，空间对象是由它自己的数字编码和与它相交的所有空间格子的数字编码一起组成的。也就是说，空间目标排序法的实质是用映射的方法把多维空间的对象转化为一维空间的对象，然后再利用一维空间的对象对多维空间的对象进行排序。因此，能够使用现有数据库系统中比较成熟的索引技术，对一维空间的数据进行快速存取。为了提高空间查找性能，关键问题在于空间目标排序法的映射方法必须能够保证空间对象的关系。基于空间目标排序的索引方法的典型代表有位置键（Location Keys）、Z- 排序（Z-ording）等。

第二节 R*Q- 树空间数据库索引技术

目前业界流行的空间数据库索引技术中，有源于B- 树的R- 树索引，R- 树索引的两种变体分别是R*- 树索引和R$^+$树索引；还有基于对空间递归分解的层次型四叉树索引等。其中，R*- 树的索引技术是最成熟，也得到了广泛的实际运用。但是传统的R 系列索引技术允许空间数据索引码互相覆盖，从而导致了空间索引路径的不唯一，降低了空间数据项的查询效率。在此，基于R*- 树索引方法，结合具有严格空间组织性的四叉树精髓，文中完成了对R*- 树的构造算法的改进，尝试性地提出一种新的混和索引技术——R*Q- 树索引。

一、R*Q树概述

大多数的空间数据项的插入过程中若采用了上述R*- 树的索引方法，均能够使得所构造的空间数据项树状结构处于一个相对稳定和平衡的状态。然而，若碰到诸如所处理的空间数据项其形状差异较大，或者相邻的空间数据项距离过远等情形，则R*-,树的索引方法的性能就会大大下降。

在此，针对R*树索引方法存在的缺陷，即当一组空间数据项尚未达到分裂的需求，且相互之间的形状和相对的邻接距离差异较大时，就会造成R*-树索引结构的中间结点索引码的覆盖度增大，其空间索引码的交叠因子也增大，乃至基于R*-树索引技术的结点分裂次数增多，最终导致R*-树索引效率大大降低。本文提出了一种基于R*树索引方法的R*Q-树索引改进算法。

R*Q-树索引改进算法在原有R*树索引方法的基础上融合了传统的四叉树的索引思想（四叉树建立于对区域循环分解的基础上，是一种结构清晰的层次型的索引技术，因而具有聚集空间目标的能力）。即引入适当的动态指导机制后，在插入空间数据项的同时，考虑对整体空间对象进行嵌套式的四叉分解，直至能够包含该层矩形索引码的最小粒度为止。而文中提出的适当的动态指导机制是指针对该最小粒度的空间对象，先判断插入的空间数据项和该层的矩形索引码之间是否位于不同的四分象限。若两者位于不同的四分象限，则可以适时地为插入的空间数据项创建预处理结点；若两者位于相同的四分象限，则进一步对该层的矩形索引码进行嵌套式的四叉分解。然后针对所处理的空间对象，若插入的空间数据项和其兄弟节点位于不同的四分象限，则为其建立预处理结点；否则按照R*-树原有的插入算法完成空间数据项的插入过程。

为了配合上述结点插入算法的改进，文中还有效地将四叉树的索引思想引入到R*-树的结点分裂算法，在此称之为R*Q结点分裂算法。即在结点需分裂时，首先对整体空间对象进行嵌套式的四叉分解，直至能够容纳分裂结点的父结点矩形索引码的最小粒度为止。然后针对最小粒度的空间对象，若被分裂结点和其兄弟结点位于不同的四分象限中，则保持该分裂结点矩形索引码不变，且在该分裂结点上加深一层，将被分裂结点分裂成两个结点处于新层。

（一）R*Q-树插入算法

在此算法中，引入四叉树分解的基本思想，提出了"最小包含的标准四分格"的设想。即假设索引的总体空间为X，将X按照标准的四分格的划分方法划分。能够包含插入空间数据项的最小标准四分格就称为空间数据项的最小标准四分格（称之为MSQ）。

R*Q-树结点插入算法在插入空间数据项之前，先调用NeedIndependenc簿法来判断是否需要创建一个独立的新结点来存储它，否则就调用R*-树的原始插入算法。在插入的过程中如果结点需要分裂，就调用R*Q-树结点分裂算法。

在插入主算法中调用了NeedIndependenc簿法来判断对插入的空间数据项是否创建预处理点。若插入空间数据项在它和当前层次的其他子结点索引目录矩形合并之后的MBR中，独立地属于不同的象限集合，且满足相应的附加条件，则创建一个独立的新预处理结点来存储插入的空间数据项。

（二）R*Q-树的分裂算法

当遇到某个结点的子结点个数超过最大值M时，插入的空间数据项结点就需要被分裂。

具体地，R*Q-树的分裂算法如例2-1所示。

例2-1：Algorithm R* Q 树的分裂算法。

输入：

splimode   等分裂的结点

1.N=splitnode Parent

// 设N为其父结点如果是根结点就调用R*的分裂算法

2.if（splimode = root）cal1R* original Split/ 分别求出splitnode

// 和N 的其他子结点集合在MBR（N）中拥有的象限集合Q1，Q2

3.calculateQ1、Q2// 如果两者亨集为空，且splimode 的空间利用率大于AREAUSE，那么

// 独立增加一层

4.if（Q1 Q2= φ And UseArea（splitnode）＞AREAUSE）call IncreaseLaYout（splimode）；

5.else

cal1R* originalSplit

（三）R*Q 树的应用与展望

本文提出的R*Q- 树索引改进算法完成了对经典的R*- 树索引方法中原有的结点插入算法和结点分裂算法的有效改进，该成果可以应用于R*Q- 树索引方法的构造算法中。

在此采用随机的空间数据项插入样本（空间数据项个数要求＞20000）比较了基于R*- 树索引方法的构造算法与基于R*Q- 树的索引结构构造的改进算法中空间数据索引码的交叠程度，即当插入相同序列不同量级的空间数据项时，R*Q- 树和R* 树构造的索引结构中的交叠因子交叠率。经实验统计调查，当插入的空间数据项的量级为5000以下，此时R*Q- 树和R*- 树构造的索引结构的交叠因子交叠率近似相同，此时，R*Q- 树改进算法的功效不显著；然而，随着插入空间数据项数量的递增，特别是其数量级达到5000到15000之间时，R*Q- 树改进算法的结点预处理机制所具有的聚集功能使得R*Q- 树的交叠因子交叠率开始低于R*- 树的交叠因子交叠率；特别是当其数量级达到15000以上时，R*Q- 树的改进效果陡现，R*Q- 树的交叠因子交叠率明

显优于R*- 树的交叠因子交叠率。

分析实验数据结果，可以得出以下的结论：对于同样的拓扑结构，R*Q- 树索引结构的结点总数比R*- 树索引结构的结点总数多，然而R*Q- 树索引结构有效地减少了空间数据索引码的交叠因子交叠率。实验结果证明随着空间数据项的大量插入，基于R*Q- 树的索引结构其优势就会愈发明显，达到了通过减少空间数据索引码的覆盖度和交叠度，进而提高空间数据项索引效率的目标。

总之，R*Q- 树索引结构的构造算法基于R*- 树索引结构的构造算法，融入了传统的四分树的精髓，采用R*Q- 树索引结构在空间数据项插入时，采用了有效的动态指导机制，即为符合条件的空间数据项创建预处理结点，而不是单纯的将空间数据项按具有最优权值的那种组合插入。如此，R*Q- 树索引结构在插入空间数据项时会牺牲一定的数据存储空间和空间利用率，但是随着空间插入数据项的递增，其采用的动态指导机制，将会较好地改进原有R*- 树索引结构的索引效率。文中主要完成了基于R*- 树索引结构的构造算法的部分改进工作，提出了基于R*Q- 树索引结构的构造算法。然而，在R*Q- 树索引结构构造完成之后，如何维护与调整其索引结构使之高效地运转，乃至改进与之相适应的空间数据项查询算法和空间数据项删除算法的工作，还有待于进一步探讨。

二、R*Q-树算法的实现过程

Java 有其自身的运行平台，本文设计的R*Q- 树的索引技术是采用了Java 编程技术来实现的，采用的版本是JSDK5.0。

（一）新型 R*Q– 树算法实现中主模块设计与实现

因为中间结点和叶结点结构大致相同，所以本文用了相同的类来表示，只不过用了标记来加以区别。新型R*Q- 树结点结构用Java 语言表述如例2-2。

例2-2：

Public class R*Qnode implements Constant， Serializable{

Public static R*Qnode Root；// 静态变量，存储新型R*Q- 树根结点

Private int treelevel；// 存储该结点在新型R*Q- 树的层次

Private int number；// 存储该结点的子结点个数

Private int locaction；// 存储该结点在其父结点中的位置

Private Boolean leafnode；// 判断该结点是否为叶子结点

Private Entry se1fMBR；// 表示结点本身的MBR

Private R*Qnode fathernode；// 表示结点本身的父结点指针

// 如果该结点是leaf-nodes 的话，那么其子结点就不做任何操作

Private R*Qnode[] children；// 该结点的子结点指针

Private Entry[] childrenentries；// 该结点的子结点的MBR

Private Entry[] HR*entries；// 该结点的子结点的水平MBR

Private Entry[] VR*entries；// 该结点的子结点的垂直MBR

}

上面新型R*Q- 树结点的MBR 是通过Entry 类来实现的。Entry 类实际上代表了双重的含义：它不但代表了中间结点的MBR，而且也代表了空间数据项的MBR。Entry 类不但封装了空间数据矩形之间的各种拓扑结构关系，而且还封装了空间数据矩形之间的合并等基本操作。

（二）新型 R*Q– 树算法实现中基本操作模块的设计与实现

新型R*Q- 树索引方法的外部接口。

设计了R*Q- 树类作为外部接口，以供其他的应用程序的调用。R*Q- 树类的插入、查找和删除均调用了R*Qnode 中相应的插入、查找和删除函数。R*Q- 树类的具体实现如例2-3。

例2-3：

```
Public class R*QTree{
// 新型R*Q- 树的构造函数
Public R*QTree(){
R*Qnode Root=new R*Qnode（nu11，0，true，-1）；
R*Qnode.Root=Root；
}
// 新型R*Q- 树的基本操作函数
Public void insert（Entry entry）
{R*Qnode.Root.deleteentry（entry）；}
Public void delete（Entry entry）{
R*Qnode.Root.deleteentry（entry）；
}
Public void search（Entry entry）{
R*Qnode.Root.findentry（entry）；
}
Public void splitnode（Entry entry）{
R*Qnode.Root.splitnode（entry）；}
// 新型R*Q- 树载入、存储等序列化操作
Public void print();
Public void store();
Public void restore();
}
```

为了降低外部模块的藕合度、增强内部模块的内聚度。新型R*Q- 树的插入、查找、删除操作都被封装在R*Qnode 里面。

（三）新型 R*Q– 树索引基本操作的部分核心代码

1.新型R*Q-树查找方法的设计实现

新型R*Q-树的查询是在给定查找矩形区域，从根结点开始，遍历所有子区域，如果该子区域与被查找矩形包含，则返回该子区域中所有的空间数据项；如果该子区域与查找矩形相交，则继续查找其子区域和VR*-树、HR*-树直到叶结点为止。

2.新型R*Q-树插入方法的设计实现

（1）新型R*Q-树的插入算法的实现较为复杂，其函数调用过程如下图所示：

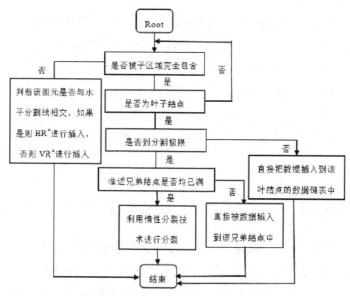

新型 R*Q- 树实现插入算法流程图

从上图新型R*Q-树插入算法流程图可以看出，判断空间数据项与水平和垂直分割线是否相交函数在其间起到了核心的作用，它决定了在新型R*Q-树中什么时候、什么位置中插入该空间数据结点。在结点达到分割极限并且邻近的兄弟结点都已满的时候，该结点就要进行结点分裂，这时，新型R*Q-树就调用惰性分裂技术进行分裂，优化局部结构。

（2）新型R*Q-树删除方法的设计实现。

首先找到空间数据项所在的位置，其删除操作分两种情况：

①如果在父结点中进行删除操作的时候，首先要判断该父结点的子区域是否都为叶结点，并且也要检查该父结点及其所有子结点的空间数据项的数量，如果空间数据项的数量小于分割极限的数量的话，就删除该父结点及所有叶结点，并新建一个子结点，把原来父结点有所有子结点上的数据放新叶结点的数据页面中；否则的话，直接执行删除操作即可。

②如果删除操作在叶结点中进行，判断该叶结点的父结点的子区域都为叶结点，如果不是的话，就在该叶结点的MBR中删除该空间数据项；如果都是叶结点的话，由同①删除操作是一样的。

（3）新型R*Q-树分裂方法的设计实现。

当插入结点已经达到了分割极限及其邻近兄弟结点均已满时，就必须对结点进行分裂操作，这时，就采用聚类分裂技术在这些结点中重新组织数据项。

第三节　R-树的改进型空间数据库索引技术

近年来，空间数据信息在国内外各行业信息处理中的比重不断上升，在众多的业务领域中得到广泛应用，特别是与空间及地理分布数据密切相关的空间信息系统（GIS），如城市规划/建设管理、物流管理控制和网格计算等。

显然，传统的数据库管理系统无法有效地管理空间数据信息，因此，处理和管理空间数据信息的空间数据库管理系统应运而生。目前发展起来的主流空间数据库管理系统通常采用基于中间件技术来管理和处理相关的空间数据信息，其中间件技术是介于GIS和空间数据库载体之间的转换层，它屏蔽了不同的操作系统平台和数据库平台的差异，实现了空间数据管理和应用所需的技术的专业化，使得各类前台终端实现高度的数据共享和功能互操作。该类中间件技术的杰出代表是空间数据库引擎，空间数据库引擎基于传统的关系数据库对空间数据信息进行有效的处理管理，且提供特定的空间数据关系运算和空间数据分析功能。

对空间数据进行合理的组织和管理可以有效地提高空间数据处理管理的效率，显然，空间数据库引擎中的空间数据库索引技术是提高空间数据处理管理地效率的一个重要机制，是空间数据库处理技术的重要组成部分。

一、经典的R树对和R*树

（一）R树

1984年由美国Gutman教授首创的R树空间索引结构是一个高度平衡的数据结构，它基于对经典的B+树索引结构的改进与扩展，以有效地处理空间数据信息。R树的每个结点包含一个矩形区域的索引码，该矩形区域由对应结点的所有子结点的最小外包矩形嵌套组成，其中所有的最小外包矩形的每一条边都和一个全局坐标系的坐标轴平行。同时，R树的树状结构具有以下特征，即：

第一，若根结点不是叶子结点，则它至少有两棵子树；

第二，除根之外的所有中间结点（乃至叶子结点）均至少有m个子结点，至多有M个子结点；

第三，所有的叶子结点都要出现在同一层（体现了R树的高度平衡）。

由于一个给定结点的两个子结点的边框允许重叠，因此构造一棵高效的R树的成败取决于以下两个重要的性能指标：覆盖因子和交叠因子。覆盖因子过大会使得R树的索引降低；交叠因子无少字又会使得基于R树索引路径不唯一。其中，覆盖因子度量了R树所覆盖的空白区域，即间接衡量了相应的静态空间对象的覆盖程度。交叠因子度量了同一层水平结构上存在的多个结点的索引码的叠加程度。理想情况下，应力求所构造R树的覆盖因子和交叠因子均达到最小化。针对如何使R树的交叠因子最小化的问题，提出了一种有效地改进R树索引方法的设想。

（二）R*树

R*树的树状结构与R树类同，且其基于R*树的索引方法在对R*树的构造算法、结点插入算法、结点删除算法和结点检索算法上都与引索引方法中的相关算法基本相同。它们的主要区别在于为了最小化树状结构的交叠因子，考虑在R*树的构造算法和结点插入算法中融合有效的插入路径选择机制、结点有效分裂机制和强制重新插入策略。其中：

首先，插入路径选择机制在选择插入路径的时候，R*树除了考虑面积因素外，还考虑了矩形索引码的重叠因素。该选择机制的基本思想可归结为：

从根结点开始选择插入路径，如果当前结点的子结点指向中间结点，那么选择包含插入矩形后其矩形重叠面积增长最小的矩形索引项；若存在矩形重叠面积增长相同的多个矩形索引项，则选择矩形面积增长最小的矩形索引项；若存在矩形面积增长相同的多个矩形索引项，则选择矩形面积最小的矩形索引项；

如果当前子结点指向叶子结点，那么选择包含插入矩形后，其面积增长最小的矩形索引项；若存在面积增长相同的多个叶子结点，则选择其矩形面积最小的结点索引项。

其次，结点有效分裂机制针对某多维空间矩形，为该矩形在维的映射。对于每一维，将等待分裂的M+1个矩形索引码分别排序，由此产生针对特定维度下的两组有序的矩形索引码，然后确定M-2m+2种将M+1项划分为两组，其中每组的元素个数介于m与M）的分类

42

方法。分类为：每一组分别取这一排序中的前m项乃至最多为M-m+1项，另外一组取余下的M-m+1乃至最少为m项。

接着，针对取得的每组分类结果，采用确定的量化公式（基于对矩形索引码面积、边长和相应重叠度），计算其相应的有效权值，最终依据权值大小确定最终有效的分裂方法。

最后，强制重新插入策略R^*树的构造颇具动态性，即对于相同的空间数据集合，若空间数据项插入的次序不同，则可构造出结构迥异的R^*树，从而严重影响对其索引的效率和性能。诚然，R^*树的构造算法中引入了小空间范围内的动态重组机制，然而，为了确保在全局范围内，避免R^*树中间层索引码的重叠度过大，在相应的R^*树的结点插入算法和结点删除算法中均采用了有效的强制重新插入策略。

二、R-树的索引结构与算法

（一）R-树的结构

R-树是B-树在多维数据空间的扩展，它由Guttman于1984年提出，R-树的结点结构可以描述如下：

叶子结点：（COUNT，LEVEL，<OI1，MBR1>，<OI_2，MBR-2>，…，<OIm，MBRm>）。

中间结点：（COUNT，LEVEL，<CP1，MBR1>，<CP2，MBR-2>，…，<CPm，MBRm>）。

其中，<OI1，MBR；>是保存空间目标的数据项，OI_i保存的是该空间目标的特征信息，MBR1保存的是该空间目标的最小包围矩形；<CP1，MBR1>是保存空间目标的索引项，CP1保存的是指向下一级子树的指针，MBR1保存的是下一级子树的最小包围矩形也就是最小索引空间。COUNT≤M表示R-树结点中存储的索引项或数据项的个数，LEVEL≥0表示该结点在R-树中的层数。由于叶子结点存储的整数和中间结点存储的指针所占的存储空间是相同的，并且之间能够相互转换，因此R-树的叶子结点和中间结点在结构设计上是相同的。

设m（2≤m≤M/2）为R-树结点结构包含的索引项或数据项的最小数量（m一般取M/2，如果结点中保存的项数少于m，则称结点下溢，如果结点中保存的项数多于M，则称结点上溢）。R-树必须满足几个特性：①若根结点不是叶子结点，则至少有2棵子树。②除根之外的所有中间结点至少有m棵子树，至多有M棵子树。③每个叶子结点均包含m至M个数据项。④所有叶子结点都出现在同一层次。⑤所有结点都需要同样的存储空间。

此外，R-树还有如下特性：第一，数据矩形可能重叠（即叶子结点的索引空间允许重叠）。第二，目录矩形允许重叠（即中间结点的索引空间允许重叠）。第三，即使对于精确匹配查找，查找路径往往会产生很多条。由于R-树是完全动态的，因此R-树的查询操作、插入操作、删除操作可以相互交叉，不需要对R-树进行重新构建。

（二）R-树的查找

为了在整个索引空间中找到所有的与检索区域有关联的空间目标，R-树的查找必须从根结点开始，递归遍历整个索引空间中与检索区域相交的子树，当碰到叶子结点时，首先将数据矩形与检索区域进行比较，如果数据矩形与检索区域有交集，则取出该数据项的相关信息进行几何运算。

R-树查找过程算法描述如例2-4：

例2-4：

Algorithm R_Search（M，W）

/* 在根结点为M的R-树中查找所有与W相交的数据矩形*/

Begin

    If M 是叶子结点Then

        Return 所有与W 相交的数据矩形；

Else//M 不是叶子结点

For i：= 1 To M.COUNT Do // 遍历R- 树中间结点的所有项

Begin

　　　　If M.MBR；与W 相交Then

　　　　R_Search（M.CPi，W）；// 递归调用R- 树查找算法

End

　End.

从R- 树的查找算法可以看出，要想提高R- 树的查找效率，在构建R- 树时必须尽量满足以下几个条件：

（1）中间结点的目录矩形覆盖的"面积"应尽可能小，R1-R4-R5 都应该应尽可能小，这样，查找分枝的决策可以在树的更高层进行，从而改进查找性能。

（2）中间结点各索引空间的重叠需要尽可能的减小，这样能够减少搜索路径的数目。

（3）目录矩形的"周长"（所有边长之和）应尽可能小。因为在"面积"一定的情况下，"周长"最小的几何图形是"方形"，而"方"的目录矩形可以从根本上改善树的结构（一层的目录矩形可以被上一层的目录矩形所包围，这样就可以减少目录矩形覆盖的"面积"）。

（4）空间利用率应尽可能的提高。高的空间利用率能够减少树的结点数目，降低树的深度。

（三）R– 树的插入

在R- 树中插入一个空间目标，首先从根结点开始查找，在根结点对应的各个索引空间中找出一个合适的索引项满足几个条件：

（1）索引项覆盖新增加的空间目标后，索引空间的变化最小。

（2）如果索引项的索引空间变化相同，则找出最小的索引

45

空间。

　　然后就对该索引项按照上面两条原则进行递归搜索，最后找到一个合适的叶子结点。如果叶子结点包含的数据项个数少于M，则可以在该叶子结点插入新增的空间目标的索引信息，再依次调整上级结点对应的索引空间；如果叶子结点包含的数据项个数等于M，不能在该叶子结点中直接插入新增的空间目标，故需要分裂该叶子结点（即新增一个叶子结点），并在其父结点中增加一索引项，假如父结点增加索引项后溢出，还需要再对其父结点进行分裂操作……在R-树中插入操作可能引起连锁反应，故操作起来比较复杂。

　　对于结点的分裂，Guttman 提出了三个分裂算法，时间复杂度分别为指数级、平方级和线性级。这三个分裂算法都尽可能使结点分裂产生的矩形面积最小。其中，指数级分裂算法可以找到全局最优解，所需要的时间也最多，平方级分裂算法和线性级分裂算法能够得到次优解。设在k维空间中，分裂结点NoNij 表示结点N第i项第j维的值，$1 \leq i \leq M+1$，$1 \leq j \leq k$。

（四）R-树的删除

　　从R-树中删除一个空间目标，首先需要遍历R-树，找出保存该空间目标的叶子结点，然后删除该空间目标对应的数据项，最后依次调整上级结点对应的索引空间。假如删除该空间目标对应的数据项后，引起叶子结点下溢（Underflow，即叶子结点中包含的数据项个数小于m），则在该叶子结点层中重新插入剩下的数据项，并删除此叶子结点，最后在上级结点中删除此叶子结点对应的索引项。假如在上级结点中删除此叶子结点对应的索引项又导致下溢，还需要进行相同的操作。值得关注的是重新插入数据项时应将其插入到正确的层（即插入之前它们在R-树中的层次）。

R-树的插入与删除操作是非常复杂的，但是为了维持R-树的平衡，提高检索效率，这些操作是不可避免的。

（五）R-树分析

R-树是B-树在多维数据空间的扩展，它具有B-树的许多优点，如自动平衡、空间利用效率较高、适合于外存存储等特点。R-树的主要问题是，由于中间结点的索引空间允许重叠，对于某个目标的查找而言查找路径往往会产生很多条，但是查找路径中的大多数没有包含查找结果，这样就会造成查找时间的浪费。研究显示，如果索引空间的维数不断增加，R-树中间结点的索引空间重叠也会相应快速增加，由此导致索引性能急剧下降。此外能够预知，如果索引空间中索引数据量增加，R-树的高度和R-树中间结点的索引空间重叠均会增加，查找性能也会随着索引数据量的增加而降低。因此，对于R-树而言，减少索引空间的重叠是提高R-树索引效率一个刻不容缓的任务。

第三章　内存数据库索引设计与优化

内存数据库是近年来发展较为迅速的一种数据技术。由于目前互联网技术以及大数据的发展，对于数据的响应速率提出了越来越高的要求，传统的磁盘数据库已经无法满足一些新型业务的要求，同时硬件技术的发展降低了内存的制造成本，为内存数据库提供了可行性。

第一节　内存数据库索引结构与缓存优化设计

一、缓存与内存数据库索引的关系

数据库中最常使用的操作就是等值查询。因为等值查询的重要性，一些对缓存敏感的索引结构被提出来，用于加速查询的速度。这些缓存敏感的访问方法包括基于树的索引结构，如CSS树、CSB+树和T树；和基于Hash算法的索引结构，如可扩展Hash，桶链Hash。这些技术的重点集中在通过调整索引的数据结构来减少缓存失配的次数，与传统的磁盘数据库索引相比有了很大的性能提升。

缓存敏感索引的传统设计思路是将索引节点的大小设置为处理器L2-D缓存块大小，就像在传统磁盘数据库环境下总是将数据节点大小定义为磁盘页大小。在第一次访问节点时，节点所有的内容都被从内存中装入缓存。接下来对节点的访问都可以直接从缓存读取数据，从而避免了从内存读取数据的延迟。甚至在查询算法上，诸如基于Hash的join和聚集操作，也可以使用缓存敏感索引的设计思想来构建内部的内存索引。

然而这样的设计思路并不是最优化的结果，它只注重于减少缓存失配的次数，而忽略了需要执行的指令数量、条件分支预测失败数量和TLB失配的数量对索引性能的影响。Hankins和Pate1通过实验发现，节点大小大于缓存块大小时，比节点大小等于缓存块大小时有更好的性能表现。与传统大小的节点相比，增大节点可以让CSB+树的性能有接近17%的提升。而且对系统性能造成影响的不只有缓存失配，还有TLB失配等因素。Hankins和Patel提出了索引遍历时的执行时间计算公式。在该公式中，有四个重要的指标：执行指令的总条数（I），数据缓存的失配次数（M），分支预测失败的次数（B）和TLB失配的次数（T）。公式如下：

$$t=I \times cpi+M \times miss\_latency+B \times pied\_penalty+T \times tlb\_penalty$$

t为查询的总执行时间（CPU时间）。cpi为执行一条指令所需的CPU事件，miss_latency为缓存失配所损失的CPU时间，pred_enalty是分支预测失败所损失的CPU时间，tlb_enalty是TLB失配所损失的CPU时间。该公式对缓存敏感索引树设计有重要的参考价值。

二、内存数据库索引的研究与设计

Cache敏感技术（Cache-Conscious）主要是指通过运用一定的算法和数据结构，尽可能提高Cache的命中率，从而使主存访问的瓶颈问题得到有效缓解的技术。Cache敏感技术是计算机用户可以参与和控制的Cache优化技术，需要借助计算机软件技术实现，不需要做任何硬件的修改，因而成本比较低，适用范围广泛。Cache有三个主要参数：容量、块大小、相联度。容量是指Cache的大小；块大小是指Cache和主存之间的基本传输单元的大小。相联度是指n路组相联的CPU中，其Cache被划分为若干个组，每组中有n个块。主存数据库中的Cache优化与磁盘数据库中的主存优化类似，但对Cache的管理是完全由硬件实现的，数据库系统并不能直接控制哪个块被调入主存当中。因而Cache优化较主存优化更加细微。常用的Cache敏感技术可以分为两大类，一种是被动型Cache敏感技术，即通过合理的数据放置，利用重组、压缩、复用等方法，来提高Cache命中率；另一类是主动型Cache敏感技术，主要指通过软件预取的方式来提高Cache命中率。软件预取需要处理器支持软件预取功能。

（一）数组索引

数组索引使用有序数组来为数据提供索引。在搜索时，使用二分查找算法来定位索引项。如果数组索引可以被整个装入缓存中，则使用该索引是简单有效的，因为索引的所有数据都可以从缓存中读取，但是一般情况下，数组索引大小远大于缓存容量。在此类索引上使用二分查找算法会带来较低的缓存操作效率。因为二分查找算法会多次读取前后索引项，相当于需要多次读取缓存外的数据，必然会造成多次缓存失配。而且数组索引的连续存储方式，也不利于索引项的动态更新。

（二）T 树

1.T 树的出现及特点

T 树是针对内存访问优化的一项索引结构，自从被提出以后，它已迅速应用于内存数据库系统中并成为目前内存数据库中最主要的一种索引结构。T 树作为一种新的数据结构但就其本质上而言它是 AVL 树和 B 树的结合体。

从总体结构上来看它就是一个由 T 节点组成的一棵 AVL 树。而节点类似 B 树中的节点其中着放多个数据，并且在 T 节点内部这些数据都按照着一定的规则有序存储。除此之外它还包括一个控制区域和三个很重要的指针，分别指向该 T 节点的父节点、左子树节点、右子树节点。

另外每个 T 节点的左子树中的数据都比其父节点中的最小数据小，同样的每个 T 节点的右子树数据都会比其父节点中最大的数据大。

如此的结构设计，使得 T 树兼具 AVL 树和 B 树的优点：良好的二分查找特性（继承于 AVL 树）、良好的更新与存储特性（继承于 B 树）。在 T 树的搜索算法中，查询程序每次访问一个新的索引节点，索引的查找范围将会减少一半。在 T 树的更新操作中（包括插入和删除），相比于AVL树由于T节点数据容量的增大，在一些情形中，数据插入和删除仅仅在一个结点之中，这样就不存在类似于AVL树中节点的分裂过程。同时T节点容量的增大也会使索引树的高度下降，由于T节点分裂后，会对其他的T节点也有影响，它们也需要更新。树高度的下降会减少在更新节点过程中的AVL旋转。在从总体上来说，由于AVL树的特性T树的遍历过程拥有比较低的时间复杂度，同时在更新操作过程中由于B树的特性，它也能提供不错的性能。

2.T树的基本算法

本节介绍T树的三个基本操作查找、插入、删除。下面分别介绍这三种基本操作的具体算法：

第一，查找算法。总体流程和AVL树类似，都是自顶向下的搜索模式，查询程序每经历一个节点，余下的查询搜索范围会减半。T树搜索算法不同于AVL树之处在于节点的比较。在T节点中，所有的索引项存在于T节点内部，当要查询的key值到达T节点时，查询程序首先会拿key与T节点中最小的索引值比较。如果key小于T节点中最小的索引值，查询程序会根据T节点中左子树指针扭转到下一个查询节点。然后查询程序会再拿key值和T节点中最大值去比较，若key大于T节点中索引值的最大值，查询程序会根据T节点中右子树指针扭转到下一个查询节。若key值在T节点索引项范围内，由于节点内的索引项是有序的，查询程序会用二分查找在索引项中对key进行二分查找。

第二，插入算法。T树的插入算法依赖于其查询算法，当有个key的索引项要被插入时，首先插入算法会调用查询算法找到key被插入的T节点。随后根据T节点是否有足够的空间容纳整个key值插入算法又被分为以下两个子流程：首先，T节点有足够的空间可以容纳插入的索引项，此种情形很简单，插入程序可以直接把key插入到T节点的索引项数组中。其次，T节点已满，不能再添加索引项此种情形下稍稍复杂一点，查询程序先把T节点中最小的索引值设为1单独拿出来；然后把key和剩余的索引项合并排好序放入索引数组中。最后把1插入到左子树T节点中，如此递归调用。直到最后一个节点是叶子节点时仍然没有足够的空间，则需创建一个新的T节点。新增T节点后要对平衡因子做出判断，执行相应的旋转，以维持T树AVL树的特性。

第三，删除算法。T树的删除算法同样依赖于其查找算法，当有个key的索引项要被删除时，删除算法会首先调用查找算法找到该key所在的T节点。若在T节点中，所要删除的key不是唯一的一个索引项，直接删除该key。若key是T节点中唯一的索引，删除该索引后意味着该T节点的删除，此后需要对平衡因子做出判断，同样通过旋转维持T树的AVL树的特性。

T树把AVL树和B树结构相结合的设计使得从T树的总体结构来看它具有AVL树的特点，在单个节点的内部它又有B树的特点。虽然当时T树的设计并没有太多考虑到缓存对于索引结构的影响，但这样的改进的出现对后续缓存敏感树的出现具有划时代的指导意义。

（三）pB+树和fpB+树

pB+树和fpB+树基于B+树基本结构，节点大小为缓存块的数倍，但是小于缓存的容量。在查询过程中，利用硬件预取指令将要访问的节点一次装入缓存中，可以将原本访问节点时会产生的多次缓存失配减小到只有一次，但是这种方法的局限在于：首先，将整个节点装入缓存中，会占用多个缓存块的空间，但是并不是节点中所有的数据都会用到，反而降低了缓存的利用率。其次，缓存的容量有限，将一个接近于缓存大小的节点装入缓存中，需要替换缓存中的大多数数据，很容易引起缓存震荡问题，最后，由于使用了特殊的硬件指令，会给系统的移植带来麻烦。

（四）CSS 树和 CSB+ 树

CSS 树英文全称Cache Sensitive Search Tree，如此命名正是因为它是索引树的研究历程中出现的第一棵缓存敏感树。

CSS树之所以能提供比T树和B+树更高的查询效率，是因为它本质上就是一个数组索引。从逻辑结构上来讲CSS树是一棵B+树，物理存储来讲它就是一个数组。将B+树的逻辑结构在物理内存中转变为数组，这是CSS树的本质。其具体做法如下：在原有的B+树的逻辑结构中，把节点大小控制在一个缓存块（越接近越好），将树节点中的指向子节点的指针全部去掉，所有的节点采取从上至下从左至右的排序并编号依次存储在一个大的数组里面。同时在CSS中势必存在一个辅助的数据结构用来在数组中标明叶子节点间的分界处和不同之层间的分界处。

CSS树是数组索引的改进，在其中应用了二分搜索。在数组索引前部增加一个连续存储的二分搜索树，来减小二分查找的范围。在二分搜索树的设计上通过去除指针并采取连续存储方式，极大的提高对缓存的利用率（这也是它缓存敏感的具体表现）因此它能提供非常高的查询性能。但是CSS树也有它明显劣势的地方，它还是脱离不了数组索引所带来的缺点，CSS树的查找操作性能比较好，但是更新操作代价很大，向一棵有n个结点的CSS树中插入一个关键字最多需要读0（n）个结点，写0（n+1）个结点。基本上每次更新都相当于重新创建整个CSS树。因此CSS树索引仅仅适用于数据相对静态的应用领域。由于CSS树很差的更新性能它不可能得到广泛的应用，不过它的设计思想却给后面的CSB+树的产生提供了借鉴。

CSB+树英文全称Cache Sensitive B+ Tree，如此命名是因为它是在B+树原有结构中借助于CCS树的设计思想进行的改进。

CSB+树首先还是立足于B+树，它汲取了CSS树的设计思想。CSB+树在内存中依然是链式结构，在CSB+树的节点中依然存在着指针。不同于B+树之处在于：在CSB+树的节点内部只存在一个指针，这个指针并不是指向某一个树节点，而是指向索引树的下一层节点组。所谓节点组是指在CSB+树的兄弟节点（拥有同一个父节点）的集合，兄弟节点在节点组中连续存储。CSB+树中当前节点中某一索引项对应的下一层节点的访问是通过这个当前节点中节点组指针和这个索引项的偏移量来共同定位。

CSB+树在注重缓存及查询性能的同时又考虑到了索引动态更新的代价，是一个很不错的改进。但是CSB+树也有缺陷。其具体体现在，为了缓存敏感把节点大小都控制在一个缓存块左右。这种做法将导致当索引非常大时，CSB+树的深度会特别大，索引在索引树中的平均查询路径也会很大。在程序运行过程中，索引树中父节点到子节点路径的扭转极易产生CPU所需的数据在不同内存页面中，导致CPU多次在内存页面间切换，这样TLB失效问题得到彰显。

（五）HT树

针对以上缓存敏感索引存在的不足，人们提出一种新的索引结构，前面的研究大多是单纯的树索引或者是单纯的Hash索引，综合考虑这两种索引结构，提出一种新的索引结构叫做HT树，它由两层组成，第一层，是一个分级多路树结构；第二层是叶子节点，每个叶子节点的数据以Hash方式组织，在叶子节点内部，数据是无序的。

第一层的树结构，一般是一棵B+树，第二层是B+树的叶子节点，每个叶子节点的数据以Hash方式组织，叶子节点内的数据是无序的，但是树的叶子节点之间是有序的，将每个叶子节点链接起来（即对每个叶子节点加上一个后继指针），这样可以避免进行范围查询的时候指针的上下移动。由于Hash方式访问非常快，于是可以将叶子节点增大，增大叶子节点对于Hash访问的速度几乎没有影响。HT树有两个特点，使得它对基于内存的查询非常有效。首先，HT树叶子节点比B+树叶子节点大，这使得HT树所需的内部节点更少，树的深度变小，这样，在树的遍历过程中，缓存和TLB失配都会更少。而且，由于叶子节点是由Hash桶组成，只需查找含有查找键的桶，这非常有利于精确查询；第二，尽管Hash表（叶子节点）内数据是无序的，但是树结构本质是有序的，各个叶子节点之间是有序的，这弥补了桶内的键无序性给范围查询带来的不便。

为了提高基于内存的HT树的查询性能，通常采用低开销的Hash函数来减少查找叶子节点过程的代价。同时，通过限制各叶子节点的关键字数目差异，即使得叶子节点的关键字数目之差的绝对值小于某个数，这样保证叶子节点之间的负载相对平衡。为了充分地利用处理器缓存，将树的内部节点设置为处理器缓存块（Cache Line）的大小，这样每个内部节点的访问最多导致一次缓存失配。为了减小树的深度，增大叶子节点，让叶子节点由n个hash桶组成，每个hash桶的大小等于处理器缓存块的大小，这样在访问叶子节点的时候，也最多只有一次缓存失配。

由于数据本身分布的不均匀，或者由于Hash函数的影响，可能导致数据在叶子节点中分配不均匀。于是可以让每个桶有k个桶链（k≥1），也就是说，只有在节点加入到一个k个桶链都已经满了的桶的时候，才会导致节点的分裂。这里有一种特殊情况，就是当两个值的Hash键发生冲突的时候，即他们对应同一个位置的时候，这时分裂节点也不管用。在这种情况下，必须允许大于k的链，为了简化，这里忽略这种情况。由于典型的主存树结构的扇出度比较小，通过将增大叶子节容量点来降低HT树的高度。在叶子节点内，将桶的大小设置为缓存块（Cache Line）的大小。但对于B+树或者CSB+树，尽管可以让它们的叶子节点比内部节点大，但增大的叶子节点不一定能使查询性能更好。因为在访问叶子节点的时候，使用二分查找，二分查找算法本身指针的跳跃性会导致缓存失配次数的增加。因此，增大的叶子节点可能会导致更多的缓存失配。对HT树的精确查询，在访问每个桶的时候最多只有一次缓存失效，并且在叶子层最多访问k个桶。对于HT树的范围查询，由于叶子节点之间有序的，仅需要扫描范围查询覆盖的那部分叶子节点。为了加速范围查询，在内存中将叶子节点的原始桶链接成连续的桶链。

第二节 基于 HBase 的内存数据库索引设计

一、HBase概述

HBase 是一个面向列的分布式的开源数据库，HBase 的设计理念来源于Google 的论文"Bigtable：一个结构化数据的分布式存储系统"，可以看作是BigTable 在Hadoop 平台的开源实现。HBase 不同于传统的关系数据库，它是一个适合于非结构化数据存储的分布式的数据库。HBase 的另一个特点是HBase 基于列的而不是基于行的数据库。HBase 是运行在Hadoop 上的非结构化数据库，其能够利用HDFS 的分布式存储系统和Hadoop 的MapReduce 分布式计算模式。这意味着HBase 可以在一个庞大的计算集群里存储和处理一个具有上百万列和几乎没有上限行的特别大的表的数据。除了Hadoop 带来的优势，HBase 本身也是一个十分强大的分布式数据库，它能够融合key-value 存储模式带来性能较佳的实时查询的能力，以及通过MapReduce 进行离线数据处理或者数据批处理的能力。简而言之，HBase 非常适合做海量数据的存储和处理，可以在较低的成本开销下获得较佳的性能和处理结果。

（一）HBase 数据模型

HBase 的数据模型和传统的关系型数据库的数据模型有些不同。传统的关系型数据库围绕表、列和数据类型使用严格且复杂的规则来约束数据之间的关系。遵守这些严格且复杂的规则的数据称为结构化

59

数据。HBase 中存储的数据并没有严格复杂的数据关系。HBase 不提倡在表与表之间建立复杂的关联关系，而是将所有的数据都放在一张大表中，表中数据记录的列、行等均是不确定的。这种没有复杂关联关系，且形态不确定的数据就是半结构化数据或者非结构化数据。

数据的逻辑模型会影响数据系统物理模型的设计。关系型数据库存储在表中的记录一般都是结构化的数据，因此关系型数据库的物理模型也是适应结构化数据在内存和硬盘里存储结构的。HBase 因其存储着非结构化数据的特点而设计了其独特的物理模型。同时，随着存储硬件的发展，为了更好地适应硬件的结构我们需要提供更适合的物理模型，而为了便于实现物理模型我们也需要对逻辑模型做一些修改。因这种影响是双向的，所以合理的优化数据库系统必须深入理解数据的逻辑模型和物理模型。

除了存储非结构化数据这一特点外，HBase 还具有很强的可扩展性。在非结构化逻辑模型里数据之间没有复杂的关系去约束，这一优点非常便于数据在存储硬件里的分散存储，这一点也影响了 HBase 逻辑模型的建立。此外，这种物理模型设计使得 HBase 无法具有传统的关系型数据库的一些优点。比如说，HBase 不能实施数据之间的关系约束，不能支持多行的事物。这种关系影响了下面两个主题。

1. 逻辑模型：有序映射的映射集合

HBase 的逻辑数据模型有很多种描述方法。本文中我们采用有序映射的映射这一描述方法。有序映射的映射是一种映射的集合，可以把 HBase 看作有序映射的无限的、实体化的、嵌套的版本。HBase 中使用坐标系统来唯一标识其存储的数据，坐标值如下构成：[行键，列族，列限定符，时间版本]。

2. 物理模型：面向列族

和关系型数据库一样，HBase 中的数据表也是由行和列组成的。HBase 中列是按照列族分组的。这种分组是 HBase 数据逻辑模型决定的。列族也表现在物理模型中，HBase 数据表的每个列独立存储在一个HFile 文件中，随着数据量的增大一个HFile 文件会分裂为多个HFile 文件。可以这么认为，一个列会可以有多个连续存储的HFile 文件，但每个HFile 文件只属于一个列。而每个列组都是由多个列构成的，所以每个列族在硬盘上有自己的HFile 集合。HFile 文件在物理存储上的隔离使得HBase 可以很方便的在列族底层HFile 层面上进行数据的管理。

HBase 的记录按照键值对存储在HFile 里。HFile 只是二进制文件，是不可以直接读的。在HFile 里这一行可以使用多条记录。每个列限定符和时间版本都有自己的记录。另外，文件里没有空记录（null）。如果没有数据，HBase 不会存储任何东西。所以列族的存储是面向列的，一行中一个列族的数据不会存放在同一个HFile 里。

（二）HBase 检索原理

和传统关系型数据库相同的是，HBase 也是通过每行数据的行健（即rowkey）这个唯一的标识符来区分不同的行。HBase 对于数据的检索都是通过行键进行的。HBase 对于数据的检索主要有三种方式：第一，通过单个rowkey 访问，按照某个rowkey 值对HBase 进行get 操作，这样可以获取到唯一的一条记录。第二，通过owkey 的范围进行扫描，通过设置startrowkey 和endRowkey，在这个范围内对HBase 表进行scan 操作。这样可以按指定的条件获取一批记录。第三，没有rowkey 值时进行全表扫描，即直接扫描整张表中所有行记录，然后获得想要的数据，很明显这种方式的效率是非常低下的。

（三）行扫描操作（Scan）

HBase 对主键按照字节字典序存储，对于表中某一特定范围内的记录，可以通过HBase 提供的Scan 操作来高效地获得。

下图是逻辑视图，当用户想查询表T1 中所有编号大于等于

"00010"的记录时,按照字节字典序来排序有:"0001"<"00010"。

也即,满足条件的编号中最小编号的前缀是"0001"。于是可以指定Scan的开始行为"0001",因此Scan将会依次返回"00010""00011""00012"这三条记录(即下图中阴影部分))。HBase通过这种方式给用户提供了一种高效的范围查询能力。

00007	Simon	425-112-9877
00008	Lucas	415-992-4432
00009	Steve	530-288-9832
00010	Kelly	916-992-1234
00011	Betty	650-241-1192
00012	Anne	206-294-1298

HBase 用户表

二、索引构建流程

(一)流式数据索引构建方法

在大多数应用中,数据是不断流向HBase的各个节点的,面向流式数据的索引构建成为了HBase索引构建的主要方法。这里主要介绍了流式数据索引构建的方法:通过利用HBase提供的Coprocessor接口实现索引构建。

Coprocessor是指运行在HBase的每个Region服务器上的代码,Region通过加载用户实现的Coprocessor来运行用户指定的代码,从而完成用户的功能。为了让Coprocessor具有充分的灵活性,HBase

提供了两种类型的Coprocessor：Observer 与Endpoint。其中Observer的作用类似传统数据库中的触发器，当特定的操作发生时，会触发Observer 中的用户代码。而Endpoint 则类似于数据库中的存储过程，可以用来存储一段经过优化的数据访问代码。

这里提出的索引构建模块目前主要利用了Observer 类型的Coprocessor 来构建相关的索引。具体来说，是使用HBase 提供的RegionObserver 接口，实现该接口提供的以下回调函数：

prePut：在客户端存储一条记录之前会被触发调用。

preDelete：在客户端删除一条记录之前会被触发调用。

prePut 方法首先根据索引元信息对用户发起的Put 操作进行分析，如果Put 操作的数据包含有索引列，即包含要索引的数据。最后将索引数据分别更新到持久存储层与索引缓存层，并更新索引范围表。

preDelete 方法首先根据用户发起的Delete 操作获取被删除记录的主键，根据主键从Region 中获取记录的全部信息，根据索引元信息对该记录进行分析，如果该记录包含有索引列，那么就可以根据记录生成持久存储层与索引缓存层的索引数据。最后通过索引数据的主键删除持久存储层与索引缓存层中的历史数据。

（二）静态数据索引构建方法

为了能够对已经存在的HBase 用户表数据（即静态数据）构建索引，这里提出一种静态数据索引的构建方法。由于静态数据一般相对较大，为了能够加快静态数据索引的构建速度，这里利用Hadoop MapReduce 程序来并行化静态数据索引的构建过程。构造索引的MapReduce 过程如下：

1.Map 输入

<Row，Result>，其中Row 为用户表的主键，Result 为通过Row获得的HBase 记录。

2.Map 处理过程

根据索引元信息，为每个输入<Row，Result>，生成其对应的索引数据，并将索引数据更新到分层式索引存储系统中。

整个过程不需要一般MapReduce 程序的Reduce 阶段即可完成，同时由于HBase 用户表记录之间是相互独立的，所以该方法可以充分利用MapReduce 提供的并行化能力来加速索引构建。

三、索引系统的设计

（一）HT 树的操作

用HT 树作为索引方式主要完成三个工作：查找，插入，删除，其中插入和删除都是以查找为基础，HT 的树结构在插入和删除时操作有时候会影响到HT 树的结构，为了维护HT 的树结构在插入和删除后会根据情况对节点进行分裂或者合并的操作。因为Hash 表会有Hash 冲突的问题，在本文中采用分离链表法来解决这个这个问题。在本文中对HT 树原来的插入和删除进行了一些调整，优化了HT 树的空间利用率。下面分别介绍几种操作的实现算法。

1.HT 树的查找

优秀的索引算法都会支持对指定值的精确查找和对一系列键值的范围查找。

HT 树的查找分为两个步骤：首先要得到值所在的叶子节点，即得到Hash 表；然后从Hash 表中得到数据。第一部分即B+ 树的查找，第二部分即Hash 表的查找。HT 树的查找是递归形式的查找，具体的查找过程为：

若当前所查询的节点为叶子节点，则通过Hash 算法得到Key 在Hash表中的桶，然后在桶中顺序查找可得到Key 的具体位置，从而得到value 值。

如果当前查询的节点不是叶子节点，根据B+ 树的性质，该节点中的关键字是按照从小到大排列的，我们可以根据Key和关键字之间的大小关系定位到B+树的下一级节点，然后在这一子节点上递归运用上述查找过程。

2.HT 树的插入

首先通过HT树的查找算法找到该Key在HT树中所对应的位置，即找到其要插入的叶子节点。然后就是在Hash 表中的插入，计算该Key在Hash表中具体的桶，然后将Key和对应的value值插入到该桶中。如果插入后Hash表的填装因子小于最大填装因子，则插入操作完成。如果该Hash表的填装因子大于最大填装因子，则引发节点的分裂。节点分裂的具体步骤下文将详细描述。节点分裂完成后即完成了HT树的插入操作。

HT 树的分裂操作可以分为叶子节点的分裂和非叶子节点的分裂。非叶子节点的分裂一般都是叶子节点的分裂引发的。

假定插入后某个叶子节点N中的Hash 表的当前填装因子大于最大填装因子，则引发叶子节点和Hash 表的分裂操作。Hash 表的分裂方法按照Hash 表中Key 的个数将Key 值从小到大分为两段，保证前半段的Key 值均小于后半段的Key 值，然后分别在两个Hash 表中散列两断数据即可完成Hash 表的分裂。最后创建一个新的叶子节点M 来保存分裂出来的Hash 表，由于B+ 树是有序的，新创建的该节点M 将会是在原来节点N 的兄弟节点，位置在原节点的右边。

叶子节点的分裂操作有可能引起HT 树结构出现问题，当插入一个新节点的时候需要判断结构是否合理。若合理则分裂完成，若不合理则进行HT 树结构的调整，即引发HT 树上层节点的分裂操作，HT 树上层节点的分裂操作即B+ 树的分裂操作。

3.HT 树的删除

HT 树的所有数据都存储在叶子节点中，所有的删除操作最开始的步骤都是通过HT 树的查找算法找到该Key 在HT 树中所对应的位置。若该Hash表中的Key值的数目为1，则直接删除该叶子节点。若该Hash表中的Key值的数目大于1然后判断删除该Key后Hash表的填装因子是不是小于最小填装因子，若大于最小填装因子则删除该Key即其对应的value值。若小于最小填装因子则将判断该节点和其相邻节点填装因子的平均值是否大于最大填装因子，若小于则将两个节点合并，将两个节点的Hash表重新散列为一个Hash表。若该节点和其相邻节点填装因子的平均值是否大于最大填装因子，则将两个Hash表的内容合并按照其中Key的个数平均后重新划分为两个Hash表，并求该关键字节点的Key值。完成上述操作即完成了HT树中Key的删除。

删除叶子节点之后有可能会破坏HT树的结构，这时会引发上层关键字节点的删除操作，关键字节点的删除算法参考B+树的删除算法。

（二）系统设计

HBase数据管理系统是按照rowkey的顺序对数据进行组织，并在rowkey上建立类似B+树的索引结构，所以在rowkey上能够提供高效的点查询或范围查询。而目前版本的HBase系统没有提供非rowkey的二级索引功能，当用户基于非rowkey查询HBase数据的时候，只能通过Scan全表扫描或者使用MapReduce架构全表扫描获取满足条件的数据，但这两种方式效率太低，无法满足实时查询的需要。

虽然我们可以利用MapReduce技术来实现数据访问的并行化，在一定程度上提高查询速度，但是当数据量非常大的时候，对于时间延迟要求比较高的应用来说，全表扫描所需的时间仍然比较长。因此我们需要通过其他的方法来设计。如何建立既能提高查询效率，又不会导致系统结构复杂和管理困难的二级索引，这就是本文的研究重点和关键问题。本文借鉴和分析已有的方案，并分析系统的特性，最终采用了基于Spark建立二级索引。

　　在网络环境中，建立在具有基本通信协议的操作系统之上，支持应用软件有效开发、部署、运行和管理的支撑软件称为分布计算中间件。分布计算中间件是一种起承上（应用软件）启下（操作系统）作用的支撑软件，它支持一体化网络计算，故又称为网络计算中间件，或称为软件中间件，简称中间件。中间件是一种独立的系统软件或服务程序，分布式应用软件借助这种软件在不同的技术之间共享资源。中间件位于CAS操作系统之上，管理计算机资源和网络通讯，是连接两个独立应用程序或独立系统的软件。相连接的系统，即使它们具有不同的接口，但通过中间件相互之间仍能交换信息。执行中间件的一个关键途径是信息传递。通过中间件，应用程序可以工作于多平台或OS环境。

　　本系统旨在与提供一个HBase与Spark之间的非侵入式的中间件。采用非侵入式设计的优点在于中间件是基于HBase和Spark平台的，但运行中间件时不需要对HBase、Spark和原有数据做出任何修改，这样可以在不修改原有环境和数据的前提下将中间件直接运行在现有的数据库系统之上。我们可以根据是否有需求来选择性的使用中间件提供的接口，当中间件出现任何问题的时候也不会造成数据丢失和环境的损伤。

（三）对范围查询的优化

　　对一个较大范围的查询来说，范围之间存在的索引列值是相对较多的，此时按顺序对每个存在的索引列值发起单独的单值查询请求，将会产生大量的网络通信开销，降低范围查询的效率。此外这种顺序化的请求过程，并未能够充分利用整个集群具备的并发能力。

　　为了进一步提升查询效率，主要是从以下三个方面来进行：一是如果范围查询中的某些索引列值是由同一节点管理的，则将这些索引列值合并，然后批量向该节点发起查询请求；二是向范围查询涉及的节点并发地发起查询请求；三是当索引缓存层的数据未命中时，节点上的内存索引服务进程并不返回未命中标志，而是将查询请求转发给基于HBase的持久存储层并将持久存储层的查询结果返回给客户端。优化的范围查询具体流程如下：

（1）根据客户端范围查询的条件，从HBase索引范围表中获取范围之间存在的所有索引列值。

（2）对于所有存在的索引列值，根据一致性，哈希算法计算出存储节点地址，从而将所有存在的索引列值与相关的节点地址一一对应起来。

（3）并发对相关节点发起查询请求，其中，对同一节点发起的多个查询请求将会合并成一个批量请求。

（4）各节点上的内存索引服务进程对查询请求进行响应，如果查询的内容在内存中，则直接返回内存中的数据；否则，服务进程将发起对持久存储层的查询，并返回查询结果。

（5）客户端汇总从各服务节点返回的查询结果。

第三节　ZXSS10 A200 内存数据库快速索引

一、ZXSS10 A200内存数据库系统

ZXSS10 A200使用的数据库是中兴通讯自己开发的数据库，它是一种内存数据库，具有内存数据库的特点。内存数据库是数据库的一种，我们先来了解数据库技术的发展情况，再来了解内存数据库的特点，最后了解ZXSS10 A200内存数据库。

（一）内存数据库特点

内存数据库系统（MMDB）在内存中管理整个数据库或者数据库的一部分，所以可以直接访问数据而不用访问磁盘，这样内存数据库就具有了高性能的事务处理能力。

如果磁盘数据库的内存缓冲区足够大，将整个数据库都放在缓冲区中，那么磁盘数据库的性能可以和MMDBMS一样高吗？磁盘数据库的UPDATE操作需要和磁盘同步数据，但是SELEC'T操作可以得到差不多的效率。但是由于磁盘数据库查询处理算法的复杂性，主要是为了优化磁盘访问，磁盘系统还不能得到我们希望的高性能。内存数据库系统高性能的秘密在于它的数据库管理技术和数据库系统的架构。

1. 数据访问的成本

磁盘的价格低于存储器的价格，存储器的价格低于CPU CACHE的价格，换句话说，速度越快，价格越高。另一方面，在处理速度方面，磁盘的访问时间位毫秒级，而内存的方位时间为数十纳秒的数量级。要想得到高性能仅仅将数据库存储在内存中是不够的，还需要高效内存结构技术、高速缓存数据管理技术和基于内存的查询优化技术。

2. 内存和磁盘的地址映射

假定磁盘DBMS管理的所有数据主要存在于磁盘中，记录的访问是通过RID（record identifier）实现的。因此要访问一个记录，需要地址映射将RID转换为内存的物理地址。内存物理地址和数据库地址的地址映射时间非常短，但是在高速数据处理的情况下是不能忽略的。内存DBMS直接通过内存指针访问数据库，因为没有了地址映射的时间，可以提高数据库的性能。同样，在向磁盘中备份数据库和生成用于恢复的日志时也需要地址映射时间。根据使用的地址映射技术效率的区别和地址映射次数的多少，内存数据库的性能会有很大的不同。

3. 内存优化的索引结构

磁盘数据库系统的典型的索引技术是B-树索引。B-树结构的主要目的是减少完成数据文件的索引查找所需的磁盘I/O的数量。B-树通过控制结点内部的索引值达到这个目的，在结点中包含尽可能多的索引条目（增加一次磁盘I/O可以访问的索引条目）。另一方面，T-树是针对内存访问优化的索引技术。T-树是一种一个结点中包含多个索引条目的平衡二叉树，T-树的索引项无论是从大小还是算法上都比B-树精简得多。T-树的搜索算法不分搜索的值在当前的结点还是在内存中的其他地方，每访问到一个新的索引结点，索引的范围减少一半。

4. 查询优化

磁盘数据库系统的查询优化算法基本上也是为了实现减少磁盘I/O。DRDBMS系统优化的方针假定数据主要是存放在磁盘上的。磁盘数据库中的数据可能在磁盘上，也可能在内存缓冲中，但是磁盘I/O的成本远远大于内存访问，所以磁盘数据库不得不假定最坏的情况，所有的数据都在磁盘中。另一方面，在内存数据库可以确定所有的数据都在内存中，可以在这个简单的假设（数据都在内存中）下优化查询算法。内存数据库的查询优化不需要考虑磁盘的问题所以更简单，更精确。内存数据库系统可以实现比磁盘数据库更多的优化算法。

5. 日志和恢复

由于内存是易失性存储介质，所以要进行数据库的备份。MMDRMS在磁盘上的备份数据库可以弥补内存的易失性。因而，内存数据库和备份数据库之间需要同步以保持数据的耐用性，这是数据库的基本标准，另外精确的日志和恢复能力也是事务处理中ACID标准的基本要求。现在，商业内存数据库系统已经应用于各种技术领域，保证了数据的耐用性。但是，按照怎样实现优化的同步，日志，恢复能力和数据耐用的程度不同，系统的性能有很大的不同。

（二）A200 内存数据库

ZXSS10 A200数据库系统应该分为数据库核心和数据库管理软件两部分。其中数据库核心是结构化的相关数据的集合，包括数据库本身和数据库的操作原语。它独立于应用程序而存在，是数据库系统的核心和管理对象。数据库软件负责对数据库管理和维护，具有对数据进行定义、描述、操作、维护等功能，接受并完成各类应用程序及数据库的不同请求，并负责数据安全性。数据库核心的最终目的是为ZXSS10 A200数据库管理软件的各应用层提供数据库存取基本接口。ZXSS10 A200内存数据库的性能满足数据库系统中其他模块对数据操作的各种要求，提供其他数据库应用接口对数据库系统的数据操作有一个比较可靠、快速的过程。目前平均一条记录插入速度约为30微秒，删除速度为90微秒。

A200的数据库采用了关系数据库的结构，面向对象的数据组织方式。根据数据的特点，A200的数据分为数据表、数据表索引、数据表队列三大类。每一类数据都可以定义为系统的数据对象类，系统对于同一对象类的数据统一定义，统一管理。一个具体的数据对象称为某一数据对象类的数据实例。系统为每一个数据对象类的数据实例分配唯一一个16位整数加以标识，称为数据实例句柄。对数据实例的存取都是通过数据实例句柄进行的。采用这种方式的一个优点是数据管理的稳定性不随着数据实例的增加而变化，有利于系统的稳定。其另一个优点是便于数据对象类的扩充，由于不同数据对象类别分别管理，数据对象类之间的独立性确保在扩充数据对象类后，不破坏原有数据的安全性。

对每一种数据对象提供相应的基本操作接口，如检索、插入、删除、修改等，用于数据管理，A200数据库系统分别从两个方法来处理并发性问题：一种方法是对于优先级高的进程仅提供同步或异步消息方式的访问接口，这样保证数据访问的时序性；另一种方法是对于需要以同步调用方式访问数据库的进程，要求它们的优先级不高于数据进程。

整个A200内存数据库的工作性能的高低，体现在索引算法效率高低上，对于检索、插入、删除、修改等操作，A200需要提供相应的索引算法来提高操作的效率，缩短每个操作占用的时间，以提高A200的整机性能，我们要分析一些具体的索引算法，选择一些适合的索引算法应用到A200内存数据库系统中。

二、ZXSS10 A200索引算法实现

当前内存数据库索引技术发展主要针对HASH索引和T树索引算法的研究，出现了很多利用HASH算法来改善内存数据库访问效率，例如前面提到的快速搜索多目录哈希方法、子域散列检索算法等，这些研究主要用在特定的系统中。当前对于硬盘数据库，B树索引算法是最快的，然而对于内存数据库，B树结点存取效率太低，不能带来内存空间的节省，所以就出现类似于B树算法的T树索引算法。HASH索引算法和T树索引算法成为内存数据库的两大主流索引算法，更多的内存数据库索引算法的研究都是围绕这两个算法进行的。

HASH索引是根据建立一个确定的对应关系f，在查找时只要根据这个对应关系f找到给定值K的像f'（K），给定值K就是我们的索引关键字，在创建HASH索引的时候，我们不需要存储关键字，这样就不为索引关键字申请空间，节省了大量的内存空间，这是HASH索引的一大显著特点，对于内存数据库来说，这是一个很好的选择。

顺序索引是一种实现起来很简单的索引算法，我们下面将要实现的顺序索引，采用一二分查找方法，三分查找速度快，能够满足内存数据库的实时性要求，而且顺序索引空间大小容易确定，只需要和记录数的大小相等，这样就不会申请多余的内存空间，也就相应节省了内存数据库的内存空间。

T树索引算法是为了寻求像B树索引算法那种快速索引算法，目前B树索引算法是数据库索引算法中最快的，然而B树算法由于其每个结点的数据存储效率太低，需要为每个结点申请更多的内存空间，

不能满足内存数据库的需要，T 树算法相应吸取了B 树的一些优点，但又克服了B 树的缺点，既节省了内存空间，又提高了索引效率，这对内存数据库来说是一个很好的选择，它能够很快找到关键字所在的结点，然后在结点内部二分查找，很快定位到关键字在结点中的位置，可以说T 树索引算法结合了B 树索引算法和顺序索引算法。

（一）HASH 索引算法

ZXSS10 A200 的操作系统为VXWORKS 操作系统，该系统是一个嵌入式操作系统，该系统只支持4 字节对齐的方式，对于超过4 字节的关键字，这里就需要采用HASH 索引。

HASH 算法包含：折叠式HASH 函数法、子域散列检索算法、快速搜索多目录哈希方法。子域散列检索算法需要进行唯一性变换，对于ZXSS10 A200来说，这种变换是费时的，需要附加额外的存储空间，这会影响A200 内存数据库的内存空间。快速搜索多目录哈希方法需要申请许多内存空间来保存展开的关键字，展开的关键字可以形成目录空间，中间需要加入指针，当哈希的一记录数目加倍时，期望的目录空间大小也加倍，即快速搜索多目录哈希方法的期望目录大小随记录数目的增加而呈线性增长。我们使用HASH 算法的目的是为了减少内存的使用量和提高检索的效率，对于ZXSS10 A200内存数据库系统来说，虽然效率是最重要的，但是内存的使用还是得考虑到的，如果提高了效率，而却花费了更多的内存空间，对于ZXSS10 A100来说是一个不好的选择，所以ZXSS10 A200中将不采用快速搜索多目录哈希方法，基于三种HASH 算法的分析，最后选择了折叠式HASH 函数算法，虽然这种相对后面两种算法来说是处于底层的算法，但是它符合ZXSS10 A200 内存数据库系统这个特定环境的需求。

（二）T 树索引算法实现

这里需要加入一种新的索引类型，定义为IDX_TTREE，使用时判断带入的索引类型，如果为IDX_TTREE，则为T树索引。

在ZXSS10 A200 内存数据库系统中，每个数据表的索引关键字的长度是随机的，为了便于申请空间，我们规定创建T树索引的索引关键字的长度不超过4个字节，这种规定就类似顺序索引，但是T树索引比顺序需要更多内存开销，不过T树索引的查找效率比顺序索引高，T树索引可以用在索引关键字在4个字节以内，数据表的记录数量大的情况下。

首先定义一个结构，用来确定T树每个结点的结构T_NODE，T_NODE 中内容为：BF平衡因子、父结点指针UP、左子结点指针LP、右子结点指针RP、索引关键字数量KEYNUM、索引关键字数组TUPKEY[30]，记录号数组UPLENO[30]。

确定T树索引的应用范围和结点结构后，我们可以创建T树索引算法，首先我们需要根据数据表的容量来确定T树的结点个数nodenum，然后我们根据确定的结点个数来申请T树的内存空间。我们还需要定义一个结构T_MARK，用来一记录T树的内存空间使用情况，T_MARK 中的内容为结点数组node[nodenum]（记录未使用的结点空间）、nodeleft（未使用的结点空间数量），我们规定每次取的结点为node[nodeleft-1]，并且取过之后对nodeleft进行减一操作。

对于查找，我们首先从T树的根结点开始，首先将带入的关键字TUPLEKEY 与根结点中的最小的索引关键字比较，如果小于最小的关键字则直接将TUPLEKEY 带入根结点的左子结点比较；如果大于根结点中的最小关键字，则与根结点的最大关键字比较，如果TUPL，EKEY 大于最大关键字则直接将TUPLEKEY 带入根结点的右子树进行比较；如果TUPLEKEY 在最小关键字与最大关键字之间，则需要在结点中采用三分查找的方法，将TUPLEKEY 与结点中的关键字进行比较，如果找到相等的关键字，则取出记录号，退出查找，如没找到，则直接退出。在这里就显出了T*树查找比顺序索引效率更高。

对于插入，我们首先从T树的根结点开始，首先判断结点结构中的KEYNUM，如果KEYNUM小于30，则可以直接将TUPLEKEY插入该结点，如果KEYNUM等于30，则将TUPIEKEY与结点中的最大索引关键字和最小索引关键字进行比较，决定是将TUPIEKEY插入根结点、根结点的左子结点还是右子结点，如果依然是根结点，那么就需要将根结点中某个关键字和其对应的记录号移入根结点的左子结点或右子结点中。如果需要加入新的结点，则需要在T_MARK中取一个结点空间记录，然后进行占用，T_MARK相应的删除该结点空间记录，因为T_MARK中只记录未被使用的结点空间，同时还需要保持T树的平衡，如果T树失去了平衡，需要进行相应的旋转操作，让T树重新回到平衡状态。

对于删除，我们首先从T树的根结点开始，对带入的关键字TUPLEKEY进行查找，找到TUPLEKEY所在的结点，然后将结点中的TUPLEKEY和其对应的记录号删除，如果删除操作在内部结点，则需要将该结点的左子树或右子树中的最大或最小关键字和其对应的记录号移入该结点，如果被移的关键字是叶结点中的最后一个关键字，这时就需要删除该叶结点，归还其占用的结构资源，在T_MARK中增加相应的记录，同时需要保持T树的平衡，如果T树失去了平衡，需要进行相应的旋转操作，让T树重新回到平衡状态；如果删除操作在叶结点，将结点中的KEYNUM减1，如果KEYNUM等于0，则需要删除这个结点，归还其占用的结构资源，在T_MARK中增加相应的记录，同时需要保持T树的平衡，如果T树失去了平衡，需要进行相应的旋转操作，让T树重新回到平衡状态。

第四章 图像数据库索引设计与优化

　　随着人们对信息重要性认识的不断提高，日益迫切要求建立支持图像处理、图像管理、图像推理、图像存储、图像通讯以及图像输入/输出的集成化图像信息系统。图像信息系统的核心是图像数据库（Image Database-IDB），它是图像技术与数据库技术相结合的产物，其任务是提供有效地管理图像数据和快速地交互图像信息的手段。

第一节　图像数据库检索技术分析

　　检索是衡量数据库系统性能优劣的重要标志之一，现有IDB中的检索操作，是根据图像的属性，如图像名、制作日期、作者等利用表格式的查询语言对整个图像库进行检索，类似于传统数据库的检索。它的不足有：首先是盲目地对整个图像库进行检索。当图像量较大时，需要较长的检索时间；其次，要求用户熟悉查询语言；最后，检索信息不涉及图像本身所含的内容，且要求有确切的检索信息。

　　因此，有必要研究一种新的检索方法，能够快速准确方便地从浩如烟海的图像数据库中检索出用户所需的图像，在用户提供的检索信息不充分的情况下也能进行检索，并且向用户所提供的检索信息不仅应包含图像的属性，而更多和更重要的是应包含图像本身的内容。

　　首先，应用图像处理技术从图像中抽取出能完全唯一表征此图像的特征信息（称为图像的广义关键子图），并对其规范化以形成图像的特征向量；其次，在特征向量的基础上应用模式识别技术中的聚类分析方法建立适合于智能检索的检索树，即对特征向量进行组织，将图像库按树形结构组织。在检索时，采用启发式深度优先的搜索策略进行树搜索。根据启发函数的值确定检索树上每层各节点的优先权，选取优先权最大的节点逐层向下搜索，直到叶子节点找到所要检索的图像为止；若到叶子节点仍找不到目标，则逐层回溯再搜索其他的分枝。

一、特征提取

在图像中存在着一些特殊的信息，这些信息使该图像有别于其他任何图像，它们就是图像的特征。这些特征包含在图像的内容中。当然，从广义上讲，图像的特征还包括有图像的属性，如图像名、图像作者、制作日期等，但本文研究中所指图像特征不包含这些属性。图像的特征是多种多样的，如点特征、局部特征、整体特征、幅度特征、直方图特征、变换系数特征等。

从一幅图像中提取出什么样的特征需结合有关领域知识，根据建库者所关心的问题来决定。特征提取的方法也与图像所反映的对象物体的各种物理的、形态的性能有很大的关系。从一幅图像中可提取的特征常常不是唯一的，而是多种多样的，故需对它们进行规范化处理，即特征选择，以选出最合适和最有代表性的特征组成图像的特征向量。目前特征提取方法大致分为两类：以最小错误概率条件下的特征提取和按准则的特征提取（如熵方法、K—L变换、最佳鉴别变换等）。

在研究中，我们利用"积分投影"方法提取人脸图像的特征点。但因各特征点是彼此孤立的，不能形象、直观地表征人脸，所以采用点间的某种组合构成人脸的特征向量。共选择15个点间的距离或夹角作为人脸特征向量的各个分量。这些点的选择原则是：分量数目尽可能少；各分量间的相关性小；各分量的方差 γ^2 大，而对应的噪声方差 σ^2 小，使品质因素 $\delta = (\gamma^2 - \sigma^2) / \sigma^2$ 高。

二、建立检索树

图像库中的每幅图像都有其相应的特征向量，对它们应用聚类分析的方法进行聚类分析，将图像库按树形结构重新组织，以建立起适合于智能检索的检索树。

聚类算法选用具有一定启发性的最大最小（MAXMIN）距离算法。MAXMIN 算法是以欧氏距离为基础的一个启发式聚类算法，它实质上分为两大步骤：寻找聚类中心和将模式样本按最近距离分到最近的聚类中心。

首先，聚类树上各非叶子节点，称为子类节点，它们的特征向量称为类特征向量。

其次，聚类树第 k 层上的某子类节点的类特征向量是它的下层子节点所组成类别的族心。可以确定聚类树上所有非叶子节点的类特征向量，从而保证树上每一个节点都有一个特征向量或类特征向量，这样聚类村就成为一棵便于检索的检索树了。在实验中，检索树是用 Lisp 语言编写的，可按如下 2 种方式来表示检索树。

（1）检索树上每个节点对应着 LISP 语言中的一个原子，每个原子的性质表中增加 3 项性质：①性质 Vector 项，其值为用表表示的对应节点的特征向量或类特征向量；②性质 Sue-cessor 项，其值为该节点的子节点对应的原子组成的表，若此项性质为空 NIL，则表明此节点为叶子节点（对应着图像）；③性质 Precedence 项，其值为父辈节点对应的原子。当该项值为 NIL 时，说明此原子对应的节点为根节点。

（2）检索树用一张嵌套表来表示，其定义如下：①若检索树为空，则用空表 NIL 表示；②若检索树只有一个节点 L，则用表（L）表示；③对检索树上任意一个节点 N_1t，其子节点设为 S_1，S_2，S_3，则可表示为：

$$（N_{1t}（（S_1）（S_2）（S_3）））。$$

其中，N_{1t} 或为根节点，或为另一棵更大检索树上的子类节点，S_1，S_2，S_3 是同一父节点的兄弟节点，它们可能是叶子节点，也可能是另外子树的父辈节点，其表示如①、②、③所定义的形式。

这2种方式各有优缺点。前者结构简单，操作方便，但当检索树非常庞大时，占有较多存储空间；而后者的结构紧凑，节省存储空间，但在检索树较大时，由于嵌套层次较多，给操作带来麻烦，运算时间长。我们选用后一种方式，即用嵌套表表示检索树。

第二节　多维索引技术研究现状

索引作为检索的有力支持工具，已经被应用于许多实用系统。IBM 公司最早推出的QBIC 系统，它使用K-L 变换来降低特征维数，再用R^*-树来构造索引。哥伦比亚大学开发的Visual Seek 系统，发明了二进树算法构造索引，支持空间位置关系的查询。已经提出的索引方法还包括J L Bentley 提出的多维二叉树算法和Cell 索引算法、R A Fenkel 提出的树Quad- 树，K-d- 树索引算法以及Grid- 树索引算法等。这些早期研究的索引算法，结构都比较简单，都不适合目前的高维数据。

比较流行的多维索引方法有R- 树、线性四叉树以及栅格文件。其中R 树及其变体是最为有效的多维索引方法。但是，由于R 树类索引结构的构造是基于几何意义上的覆盖关系，所以随着数据量和维数的增高它的检索性能迅速下降，甚至不如顺序扫描，这就是所说的"维数危机"问题。为了能够有效地利用以上的索引方法，必须将n维特征向量转换为20 以内的m 维。但维数的降低不可避免地会带来信息的丢失，导致查询结果中有较多的错误记录。目前各种降维算法的研究依然是热点，因为多维数据中起关键作用的往往是其中的少数维，如何提取关键维达到降维的目的又能尽可能地减少信息的丢失是降维技术研究的重点。

一、多维数据库的查询类型

一个好的查询方法是多维空间数据索引的重要环节。与传统的关系数据库查询相比，多维空间数据的查询方法至今没有一种标准的空间代数描述，也没有标准的空间查询语言。虽然有时也可以对一些抽象数据类型扩展使用结构化查询语言来描述空间数据目标及相应查询，但通常情况下，多维空间数据的查询操作主要还是依赖于其不同的应用领域来定义。查询结果一般是空间数据目标的集合。下面介绍几种常用的多维空间数据查询类型。

第一，点查询。点查询是最简单的查询类型。即先在数据库中规定一个点，然后在数据库中检索与它具有相似坐标位置的所有点目标。在点查询中，为了简化起见，常常只判断查询数据库中是否包含相似点，而不具体确定相似点的位置。

第二，范围查询。范围查询中，首先规定查询点Q、距离r和度量M，然后在数据库中查询以M为度量的距离小于或等于r的所有点集P。显然，点查询也可看作是范围查询在r=0和度量M为任意一种特例。如果M为欧氏距离度量，则范围查询在数据库所有被查询点的数据空间在几何意义上对应一个超球体。

第三，最近邻查询。范围查询及其点查询虽然比较简单，但缺陷也很明显：查询结果的集合是未知的。也就是说，在用户定义好查询范围r以后，并不知道会产生多少个查询结果。这就很可能出现两种极端情况：未查到任何结果或把整个数据库的数据目标作为查询结果。这显然难以接受。为此，引入了最近邻查询。

最近邻查询是预先定义好查询结果集的大小，然后再按照近邻原则进行查询。一般情况下，最近邻查询的返回结果是数据库中离查询点距离最近的一个点数据目标，但是当数据库的几个点与查询对象的距离相同时，就存在两种不同的处理方法：返回所有这些查询结果和任选其中一个作为查询结果。也正是根据返回结果的不同，把最近邻查询又分为确定性最近邻查询和非确定性最近邻查询。

第四，K-最近邻查询。如果用户不是仅仅想得到一个离查询点最近的点，而是想要K个最近邻的点，则可以使用K-最近邻查询。可见，K-最近邻查询就是从数据库中选择离查询点最近的K个点。与最近邻查询相同，它也存在着确定的K个解和特殊情况下多于K个解的情况。

二、多维数据和多维索引结构的特点

多维数据具有以下特点：

（1）复杂的结构：数据是多维空间的数据，一般不能像传统的关系型数据库一样用固定大小的条目来保存。

（2）动态特性：在插入和删除的过程中往往还伴随对数据本身的修改。

（3）数据的海量：多维数据库的存储空间比较大。

（4）多样化的操作：对多维数据而言，没有标准的操作，一般要根据实际的需要而定。

（5）时间代价大：尽管多维数据库的操作所花费的时间各不相同，但一般都高于传统的关系型数据库。

（6）不能排序：无法对空间数据进行线性排序使得那些在多维空间中相邻的数据仍然能够相邻。由于多维空间数据主要依赖于空间位置进行存取，所以空间索引是根据空间数据间的邻近性来建立的。然而，对于多维的数据空间却无法建立一个可以反映其邻近关系的排序。即无法找到一个从多维空间到一维空间的映射f，使得多维空间的任意两点V1、V2、f（V1）、f（V2）相邻当且仅当V1和V2在空间相邻。

上述这些特性，使得迄今为止还无法找到一种高效的空间索引机制，虽然人们不断提出有所改进的空间索引机制，却无法打破多维空间所带来的束缚。正是由于多维数据具有以上特点，因此要求多维索引结构相应的具有以下特点：

（1）动态构造：由于数据可以在数据库中以任意的顺序插入或删除，其索引结构也应支持相应的操作。

（2）二级/三级存储管理：尽管主存容量日益增大，但仍不能将整个数据库保存在主存里，因此索引结构应该充分考虑到二级及三级的存储管理。传统的数据库有许多有效、可行的存取方法，但都是一维存取方法，如B树、扩展的Hashing。通常，需要扩展一维存取方法以处理多维数据。

（3）独立于数据的输入和插入的顺序：支持任意顺序。

（4）可增长性：索引结构应能够适应数据库大小的增长。

（5）时间的有效性：查找速度必须是快速的。

（6）空间的有效性：索引结构相对于原数据应是比较小的，而且还要保证一定的空间利用率。

（7）支持尽量多的操作，能够保证操作的并行性和可恢复性。

三、数据库中的多维数据索引结构分析

多维数据索引一直是数据库领域的重点研究问题之一。关系数据库中已有一些相对成熟的索引技术，本节重点分析现有的基于树形结构的多维索引，基于空间曲线填充的降维方法以及位图索引。

（一）树形结构多维索引

树形结构比顺序文件查询效率高，并且维护开销也较小，因此，树形结构在索引研究中备受关注。最具代表性的是B树索引，B树索引已经成功应用在了大量数据管理系统和文件系统中。然而，B树只支持一维键值的查询，针对多维查询需要建立多棵B树，使得索引占用的存储空间较大，索引的维护较复杂。因此，许多支持多维索引树结构相继被提出，例如，R树、KD树、四叉树、八叉树等。

1.R树索引

R树是一种平衡树，它是B树在多维空间上的扩展。R树将邻近

的数据对象用一个小矩形圈起来，称为数据的最小外包矩形（ Minimal Bounding Rectangle，简称MBR ），每个MBR 构成R 树索引的一个叶节点，同时，数值区间较小的MBR 可以被数值区间较大的MBR 覆盖，形成父节点。

对于一棵M 阶（ R 树节点可以包含的最大节点数）的R 树而言，假设m 为R 树中间节点包含的索引项的最小值，m 满足2≤m≤M/2，则R 树满足下面的特性：

（1）根节点至少包含两个节点，除非它是叶子节点。

（2）除了根节点之外的所有中间节点的数目必须在m 与M 之间，即最多有M 棵子树，最少有m 棵子树。

（3）每个叶子节点最多有M 个数据项，最少有m 个数据项。

（4）所有的叶子节点必须在同一层次。

R 树的查询操作从树根节点t 开始执行，如果t 不是叶子节点，则对t 中的每个索引项检查其MBR 是否与查询区间重叠。如果有重叠，则选中该索引项，找到其子节点，继续查找；如果不重叠，则该索引项不被选中。查询直到叶子节点为止，对选中的叶子节点，根据索引项读取数据，在需要的情况下，检查读出的是否都是满足查询条件的数据。最后，返回查询结果。

R 树的插入操作，插入的不是一个点，而是覆盖这个点的一个最小外包矩形。首先，通过查询算法找到插入数据的位置，如果相应位置的节点的索引项小于M，则直接插入数据，否则，就执行节点分裂，并回溯其父节点，判断父节点是否分裂，直到分裂操作停止或已访问到根节点为止。

R 树的删除操作，首先，通过查询算法找到删除数据的位置，如果相应位置的节点的索引项大于m，则直接删除数据，否则，就执行节点合并，并回溯其父节点，判断父节点是否合并，直到合并操作停止或已访问到根节点为止。

R 树索引与 B 树索引不同，不需要为多维查询建立多个索引，它们又有类似之处，基于 R 树索引的多维查询只需要遍历可能包含查询结果的数据，查询效率高，同时，R 树是一种动态的数据结构，查询、插入、删除可以交叉进行，不需要定期的全局结构重组，索引维护代价低。

2.KD 树索引

KD 树（K-dimension tree）是把二叉搜索树推广到多维数据的一种主存数据结构。Kd 树是一棵二叉树，它的内部节点用（a，v）值对表示，其中 a 是当前的划分维度，v 是划分值。在 d 维的数据空间中，（a，v）形成一个 d-1 维的超平面，将数据空间划分成两个部分：a 值小于 v 的部分和 a 值大于等于 v 的部分。在 KD 树的不同层，a 依次选用 d 个维度中的一个，所以树的不同层上的（a，v）是不同的。

KD 树的查询、插入、删除算法与二叉搜索树的算法相似，比较简单，在此不再赘述。在基于 KD 树的查询中，每次只需要对多维查询中的一个维度值进行处理，计算简单，另外，交替对不同属性的取值进行检测，可以更快速将搜索范围缩减到包含查询结果的节点。

（二）空间曲线填充

树形结构的多维数据索引基于空间划分的思想将多维空间分割成许多子空间，然后采用树形结构来组织这些子空间，从而实现多维数据的索引。空间曲线填充是另一种实现多维索引的方法，其核心思想是通过某种曲线填充技术，将多维的数据映射到一维的线段上，使得可以用一维线段上的一个关键字表示一个多维数据，然后采用现有的一维索引技术组织该线段，就构成了一种多维的数据索引。

目前，最具代表性的空间曲线填充方法包括：Hilbert 曲线、Z 曲线和 Gray 曲线。不同的空间曲线填充方法采用的填充规则不同，但它们都是可以将 d 维数据空间"填满"的曲线，具有以下性质：

（1）通过有限次数的逼近操作，空间填充曲线可以将多维数据空间划分成大量体积足够小的网格，每个网格不可再分，且网格之间互不相交。

（2）连续的空间填充曲线按规则依次穿过所有网格，曲线不会出现重叠。

假设每一次逼近操作将每一维的长度划分成2k个等分，那么d维的数据空间经过k次逼近操作后，被分割成2kd个网格，通过空间曲线填充后，每一个网格与填充曲线上的一个线段对应。

（3）位图索引。位图索引最早由P'ONeil提出，它与广泛使用的B树索引的设计思路完全不同，位图索引采用位向量表示索引，记为B=(b1，b2，...，bn)，一个位向量对应一个索引键值x=key，位向量中的一个bit对应数据记录中的一行，假设B[i]=1，则表示第i行记录包含key，假B[i]=0，则表示第i行记录不包含key。

位图索引也存在一些不足：首先，当被索引列中包含的唯一值个数过多时，位图索引占用的存储空间随之增长；其次，关系数据库系统要求达到强一致性，频繁的数据更新会使得位图索引出现大量锁，甚至导致死锁。

目前，研究领域已经提出了许多改进的位图索引，这些方法主要分为压缩位图、编码位图和分段位图三种。虽然采用的方法不同，但核心思想都是对位图索引的存储进行压缩，提高位图索引在高基数的属性列上的数据处理性能。由于位图索引结构简单，位运算效率高，使得位图索引能够适应海量数据的高维度查询分析需求，位图索引在数据分析领域得到了广泛的应用。

第三节　基于内容检索的图像数据库多维索引优化方法

无处不在的图像促使人们很早就开始研究如何利用计算机来研究

数字图像。最经典的而且已经形成比较完整的理论体系的一门学科是数字图像处理和分析。数字图像处理原本的含义是指将一幅图像变为另一幅经过修改或者经过改进的图像，因此是一个图像到图像的过程。随着计算机软硬件技术的飞速发展，人们又将注意力转向计算机视觉和模式识别技术，即能够理解包括图像在内的各种自然景物的系统。尽管人们在图像分析和计算机视觉和模式识别领域已经取得了很多的研究成果，但是，迄今为止，人们在研究过程中也遇到了许多的难题。所有问题的焦点事实上都可以归结为计算机对图像的语义理解问题，这是到目前为止人们还无法跨越的一个鸿沟。

一、图像内容检索系统简介

目前为止，较为成型的图像数据库检索系统主要有：IBM公司研制开发的QBIC（Query By Image Content）系统、Columbia的VisualSEEK和WebSEEK系统、Excalibur技术公司的RetrievalWare系统、Virage公司的Virage系统、Berkley的Chabot系统和MIT的PhotoBook系统等为代表的一系列成功产品。国内一些研究单位如中科院、清华大学、上海交通大学等科研机构或院校也对图像数据库检索系统进行了研究，开发了一些实验性系统。下面简介QBIC，VisualSEEk和PhotoBook图像数据库检索系统。

QBIC是IBM公司在20世纪90年代开发的图像和动态影像检索系统，支持基于Web的图像检索服务。它是标准的基于内容技术的图像检索系统，只需提供查询图像或对查询图像的简单描述（如颜色分配）即可检索出满足要求的一系列图像。QBIC系统提取图像的颜色、纹理、形状等特征，定义相应的特征向量来检索图像。QBIC是较早且较为完善的图像检索系统，是第一个商品化的基于内容的图像检索系统，支持基于内容和关键字查询。

VisualSEEK和WebSEEK是Columbia大学开发研制的一个较为

完善的图像检索系统。VisualSEEK 提供了一系列网上搜寻和检索图像信息工具，WebSEEK 就是其中一种。目前为止WebSEEK 已经从网上搜集了65 万多幅图像和影像，并从分类、文本和内容三个方面进行检索。为了向用户提供更多的信息，系统提供了包括动物、建筑、艺术、地理等46 个主题的主题分类检索，用户可以根据兴趣逐层浏览。

VisualSEEk 的技术核心仍是基于内容的图像检索技术，采用图像的颜色和纹理特征。该系统由四部分组成：图形用户界面、服务器应用、图像检索服务器、图像归档。其优点是高效率的网上图像信息查询，采用了先进的特征提取手段，支持用户直接下载信息。VisualSEEK 系统已在网上和电子图书馆中使用，它支持基于内容和关键字查询方式。

PhotoBook 是MIT 多媒体实验室开发的用于浏览和搜索图像的一套交互工具，包括三个部分，分别用于提取形状、纹理和面部特征，用户可以按照使用情况选择哪一部分。

这些系统存在的一个问题是，其检索过程是以计算机为中心，从而使得查询结果并不能完全满足用户的要求，究其原因主要是因为计算机视觉技术还不够完善，人们在日常总是用一些高层次的概念描述图像，如"波涛汹涌""一望无际"；而从计算机视觉技术得到的通常是从图像提取的底层次特征。虽然在特定的领域能够比较容易地找到低层次特征和高层次特征之间的映射关系，但仍然存在着很多问题。所以在图像检索系统中加入人工反馈信息、进行有效的人机交互可能会取得更好效果。研究高层次语义描述图像内容是检索系统的发展方向。

基于内容的图像检索技术研究的热点可分为四个方面。最初的图像检索研究主要集中于如何选择合适的全局特征去描述图像内容和采用什么样的相似性度量方法进行图像匹配。采用这种策略的代表性工作包括：IBM 开发的QBIC，MIT 多媒体实验室开发的PhotoBook、哥伦比亚大学开发的VisualSEEk 等。第二个研究热点是基于对象区域的图像检索方法，其主要思想是通过图像分割技术提取出图像中的物体，然后对于每个区域使用局部特征来描述，综合每个区域特征可得到图像的特征描述。在这一研究领域中具有代表性的工作有：美国加州大学开发的图像检索原型系统Netra、Berkekey 大学开发的Blobworld、斯坦佛大学与宾州大学开发的图像库的语义敏感集成匹配（Semantics-sensitive Integrated Matching for Picture Libraries，SIMPLIcity）等。尽管这些方法更加贴近于用户查询时的思路，但是由于图像分割的不准确性导致检索准确率并不高。

前两个研究方向称为以图像为中心的方法，对于用户的需求并没有进行分析。第三个研究方向就是针对这一问题展开的。它借助用户相关反馈的思想，根据用户需求及时调整系统检索时用的特征和相似性度量方法，从而缩小低层特征和高层语义之间的差距。代表性工作有：美国伊利诺斯大学开发的多媒体分析和检索系统MARS（Multimedia Analysis and Retrieval System）、Pichunter 等。第四个研究方向是研究如何从多种渠道获取图像语义信息、如何将图像低层特征与图像关键词结合进行图像自动标注以提高检索准确率等。基于内容图像检索的目标是能最大限度地减小图像简单视觉特征和用户丰富语义之间的鸿沟。要解决图像检索的"语义鸿沟"，还需要很多方面的研究取得突破，包括：图像对象建模和识别、语义抽取规则、用户检索模型等。当然，图像语义的研究还要考虑人对图像的理解机制，这就涉及心理学和人的视觉认知模型。

二、索引和反馈机制

（一）索引技术特点

图像数据库一般都包含庞大的数据而且由于描述图像的特征矢量

的维数往往很高，为了能够有效检索，高效的索引机制是非常重要的。由于图像数据库与文本数据库有很大的区别，所以很多传统的索引机制无法直接用于图像数据库。

CBIR 系统使用特征向量来描述图像，这些特征向量的维数的数量级一般达到10^2。对于小型图像数据库（$\leq 10^4$ 幅），简单的线性查找或优化的线性查找就可以有效地进行。但对于数字化图书馆和其他的一些集成检索系统，图像库的容量都是非常大的（$\geq 10^5$ 幅），高维索引对检索效率的影响很大，要求尽可能不对数据库进行遍历，而是在数据空间最匹配子集上查询，因此，具由高效的索引机制十分必要。目前通用的办法是首先采用维数缩减技术降低特征向量的维数，然后使用恰当的高维索引技术（通常能够支持非欧拉的相似度衡量方法）进行索引。综合国内外的研究工作而言，对图像数据库索引结构的典型要求如下：

1.索引结构必须能有效地处理高维数据特征

基于内容的图像数据库检索系统的索引结构必须能处理高维特征，当索引结构构建起来的时候，它的节点数不应该随着维数的增加而呈指数增长。

2.索引结构必须能够适应于相似查询

不同于传统的数据库系统，基于内容的图像检索系统处理的查询需要基于相似性，因为处理的数据不是原子对象，而是无定格式数据。因而，索引结构必须要能有效处理相似查询。

3.索引结构必须能有效地支持不同的查询类型

索引结构必须能处理各种查询类型，比如精确匹配查询、部分匹配查询、范围查询和k-nn查询。索引结构必须能够对每种查询都有很好的处理性能。

（二）索引技术的实现

为有效利用现有的索引技术，目前研究的合理做法是对图像特征向量的维数先进行缩减。已有研究表明：对于多数可视特征集来说，维数可很大程度上压缩而检索性能不会显著降低。常用的两种缩减方法是Karjimen-Loeve 变换（KLT）和柱状聚类。

经过了维数裁减，图像特征向量的维数一般仍然较高，因此需要选择一个合适的高维索引算法来为特征向量建立索引。

（三）用户反馈机制

相关反馈（Relevance Feedback，RF）原是一种在文字检索系统中使用的技术，它利用用户先前的检索结果信息进行反馈来自动调节当前查询，也可借助人机交互细化用低级特征表达的高层查询。在图像检索中，相关反馈的引入可以给系统提供更多的信息，对于检索过程的正确进行具有重要的指导作用。有效的检索应该是一个渐近的过程，而在这个过程中，用户通过对检索结果的反馈而直接参与检索会起到重要作用。系统和用户通过交互逐步使检索结果向着接近用户基于综合特征的图像检索及相关反馈方法研究期望的方向前进，并最终达到用户的要求。检索可以看作一个主观和客观有机结合的过程，而反馈则是借助人机交互实现主客观结合的重要手段。

三、图像数据库内容检索的关键技术

基于内容图像检索系统同传统图像检索系统相比，有许多不同的特点。首先基于内容检索是一种相似性检索，在检索过程中，采用逐步求精的办法，每一层的中间结果是一个集合，不断减小集合的范围，直到定位目标。基于内容的图像检索需要首先提取图像的内容特征，形成对图像内容的有效描述，这些特征一般是多维的矢量数据库，这样，图像的检索就转化为多维矢量的相似性查找，这就需要设计合适的多维索引结构。另外，由于人眼对图像特征的感知的主观性，基于内容的图像检索系统必须是交互的，从而允许用户动态的修正检索结果，满足检索的要求。

（一）特征的提取与表示

从广义上讲，图像特征包括文本特征和视觉特征。这两种特征对图像检索来说都是不可或缺的。文本特征包括图像作者、获取时间、版权信息等，这些特征只能靠手工注释。视觉特征包括领域特征和一般特征。领域特征同应用相关，例如脸谱识别、指纹识别等。领域特征的提取需要领域专家知识，是模式识别领域的研究课题，实际应用还有一定的难度。我们这里只考虑一般视觉特征的提取和表示。这些一般特征包括颜色、形状、纹理等，它们可以用于大多数应用场合。

1. 特征提取

最常用的颜色特征是颜色直方图、颜色矩、颜色集等。颜色直方图提取方法是先对 RGB 颜色空间进行量化，然后统计图像中每种颜色出现的像素的个数。颜色直方图会受到颜色量化的影响，因此提出了用颜色矩来表示颜色特征，它的数学基础是：任何颜色分布特征都可以用力矩来刻画。为了支持在大规模图像库上的查询，提出了用颜色集（ColorSet）来近似颜色直方图，它的方法是首先将 RGB 颜色空间转化为 HSV 空间，然后将该颜色空间量化为 M 个箱子。颜色集定义为从量化空间中选择出的颜色。由于颜色集特征向量是二进制的，因此可以用二叉查找树加快查找速度。

20 世纪 70 年代早期，人们提出了共生矩阵纹理表示法，该方法利用了纹理的灰度级空间依赖关系。它首先根据图像像素之间的距离和方向建立共生矩阵，然后从该矩阵中提取有意义的统计信息作为纹理特征的表示。后来 Tamura 等人又提出了纹理属性的计算相似性。该方法同共生矩阵表示法的区别是：它所表示的纹理属性都是从视觉角度上有意义的。QBIC 系统进一步改进了这种特征表示法。20 世纪 90 年代，人们又开始用小波变换的方法研究纹理特征的表示和提取。

形状特征的表示通常有两种：基于区域和基于边缘的形状特征。傅立叶描述符使用经过傅立叶变换的边缘来表示形状特征。力矩不变量（Momentin variant）使用基于区域的力矩来表示形状特征，它的特点是不会随着变换而改变。

2. 特征表示

如何表示这些多媒体信息的颜色、形状、纹理等特征，使得用户能够快速有效地检索感兴趣的内容，不同公司开发的多媒体数据库系统使用了不同表示形式，这样就有必要建立一套多媒体信息的特征表示标准。MPEG-7 标准是运动图像专家组提出的国际标准，主要是致力于建立对多媒体特征的标准化表示，对多媒体领域的应用将起到越来越大的作用。MPEG-7 标准是致力于建立对多媒体信息特征的标准化表示的标准。它包括视频、音频、多媒体描述模式等部分。

（二）基于相似性检索的多维索引技术

为了使基于内容图像检索有很好的扩展性，也就是说当数据集很大时仍然能够有很好的性能，必须利用支持相似性查找的有效的多维索引技术。索引结构的设计与实现也是本论文的研究重点。

多维索引技术是随着应用需求而逐渐提出和发展的。最初，数据量不是很大，顺序扫描已经能够满足多数应用需求。随着计算机辅助设计（CAD）和地理信息系统（GIS）等应用的发展，迫切需要一种高效的索引机制来支持对空间数据的有效检索。于是在20世纪80年代初出现了大量多维索引结构。这些索引结构将索引数据的维数从单维扩展到了多维而且支持的查询种类也很多，不仅支持传统数据库中的精确查询，也支持范围查询、最近邻查询和空间连接等。进入20世纪90年代，数字医疗、数字图书馆等应用领域出现了大量图像数据库。这些数据库有如下特点：第一，数据量非常大（数据对象个数通常在100 000以上）；第二，特征空间的维数非常高（通常在10~100维）；第三，应用是动态的，随时都有大量图像数据插入；第四，查询不仅仅是精确匹配，更主要是相似性查询，要求查出和目标图像最相似的若干幅图像或者和目标图像之间的相似性距离在某一给定范围之内的所有图像。而且图像之间相似性又有很多度量方式，而不仅仅是Euclidean距离。根据这些特点，人们不仅提出了数据空间的降维技术，而且提出了一些新的索引结构，它们从不同方面改进了图像检索系统的性能。

（三）交互式检索系统的设计技术

图像检索系统的设计包括系统结构设计和图形用户界面设计。友好的图形用户界面是一个成功的检索系统不可缺少的条件，它可以大大提高检索效率。在基于内容图像检索中，由于特征向量是高维向量，不具有直观性，因此必须为其提供一个可视化输入手段。可以采用的方式有三种：操纵交互输入方式、模板选择输入方式和用户提交特征样例输入方式。同时应该支持多种特征组合。另外查询结果也需要浏览，应在用户界面提供浏览功能。需要注意的是：基于内容图像检索系统并不是基于文本关键字图像检索系统的代替物，两者是相互补充的关系，只有两者相互结合才能真正满足检索需求。

第四节　医学图像数据库的 M^* 树索引

一、M^* 树索引建树算法设计

影响度量树性能的关键问题是相邻节点之间的重叠问题。在对M树建树算法的研究过程中，这里提出一种新的建树算法，使得节点之间的重叠区域尽量的小，即参数fat-factor尽量的小。

（一）多分支插入

M树原始的动态建树采用的是单分支插入的方法，即在插入时仅选择一个"最合适"的节点，即一条分支进行插入操作进行；从根

节点出发只需访问h个节点，即每层只访问一个节点。单分支插入法的优点是建树的代价会尽可能小，同时选择被插入的叶子节点不会增加整个树的容量。然而，这种启发式的插入行为是局部的，因为它只检查了M树的一条支路，那么最合适的叶子节点很有可能就会被漏掉。

为了提高查询效率，在M*树索引算法里本文优先考虑选择最合适的节点，采用一种多分支的插入方法。从本质上说，该方法类似于对插入对象口的一个点查询操作。在点查询过程中，所有相关的叶子节点均被访问到，计算它们与口的距离$d(O_j, O)$，距离最小者被选为容纳O的叶子节点。如果没有节点满足插入条件，则采用与单分支插入相同的方法，选择覆盖半径扩大最小的叶子节点进行插入。

由于检查了M*树的多条路径，多分支插入这种方法是基于全局性的考虑。实际上，所有空间上包含插入节点O的叶子节点都被检测到，所选择的叶子节点也是真正意义上的"最合适"的叶子节点。当然，多分支的选择叶子，将会导致磁盘存取次数的增加，但是可以获得更优化的索引结构。其算法描述如下：

（二）节点分裂策略

当节点溢出时要进行节点的分裂。根据重叠最小化原则，必须采用合适的分裂策略。理想的分裂策略应该能够产生出适合新节点的参考对象，并且将对象分到两个节点中去，产生最小的节点总量和最小重叠区域。所有的规则都旨在提高搜索算法的性能，因为小的节点总量将会导致更紧凑的树结构，并且减少索引的"死角"——没有对象的空间。而小的重叠区域减少了查询过程所遍历的路径数量，同时也就减少了磁盘读取的次数。

二、M*树索引结构优化

在动态插入的过程中，M*树只有在节点溢出需要分裂时才进行层次化的重建。由于节点的分裂仍然只是数据对象的一次局部的重新分配。因此，上述提出的建树机制仅考虑了数据分布的局部信息。从这一点来说，整个数据集的动态插入将会引起一系列的节点分裂——局部重分配，从而导致产生的层次化索引结构仍然不是最优。至于静态bulk loading建树算法，虽然它是作用于整个数据集，但由于该算法采用随机选取样本对象的方法，因此其效果也是局部的。

（一）Slim-down算法基本思想

在高维数据组织中，本文希望能够利用一种全局机制来重建M^*树，以获得更优化的索引结构。为了降低节点的重叠率，Slim树索引提出了一种Slim-down的算法，这是一种后处理的算法，对已建好的索引树结构进行结构的优化，以达到提高效率的目的。

Slim-down的基本思想是：假设叶子节点中的数据对象可能有"更适合"的叶子节点来容纳它。该算法通过检查叶子节点中与参考点距离最远的对象，并且试图找出更合适的叶子节点来容纳它。如果这样的叶子节点存在的话，那么将该对象插入新的叶子节点中（前提是不会增大新的叶子节点的覆盖半径），并且将该对象从原叶子节点中删除，同时更新原叶子节点的覆盖半径。一旦发生对象移动，将该算法递归的应用于所有的叶子节点中的对象。

（二）Slim-down算法改进

早期的Slim-down算法仅对索引的叶子节点进行处理。在通过对索引结构分析的基础上，发现该算法不仅可以应用于索引的叶子节点，还可以应用于中间的目录结点，以达到更大程度的优化数据集的划分，因此M^*树索引方法在建树完成后，还可以进行进一步的结构"瘦身"，以降低节点之间的重叠率。算法具体描述如下：

（1）从叶子节点开始，自下而上分别作用于M树的每一层，希望能够找出每一个对象的最佳位置节点N。

（2）对于叶子节点N中的某个对象O，访问每一个与其区域相交的叶子节点，类似于采用多分支插入的点查询操作。

（3）对于目录节点N中的对象O，需要检索在同层的重叠节点，该操作可以通过一种可变的范围查询操作实现，查询半径为r（0），查询那些覆盖区域包含了对象O的目录节点。

（4）无论是叶子节点，还是目录节点，经过上述步骤后得到一系列与对象O相关的节点；从相关节点中选择与O距离最近的目录节点参考对象rout（Oi），如果对象O与目录节点rout（Oi）的距离小于O与其原目录节点N的距离，即d（O，rout（Oi））<d（O，rout（N）），则将O从N中转移到新的节点rout（Oi）中；由于对象O是N中距离最远的对象，那么，节点N的覆盖半径也就相应降低了。

（5）一旦某个对象发生了移动，那么就在该层上重复地进行Slim-down算法。

（6）当该层算法处理完毕之后，再对更高一层实施该算法，直到对整棵树完全遍历。

Slim-down算法有助于减少索引结构的节点重叠率fat-factor，并且降低了目录节点的覆盖半径。由于仅仅是对同一层上对象的重新分布，对象移动的过程中并没有节点的溢出或者低于临界点，因此也就没有分裂和合并，节点的总数仍是保持不变的。

目录对象A，B是M树的根节点中的两个对象，而在节点第一层存放的目录对象是1，2，3，4。在叶子节点中存放的是叶子对象。在Slim-down之前，子树A中存放了1，4，而子树B存放了2，3。在叶子节点层进行了Slim-down算法之后，一个对象从2挪到了1，一个对象从4挪到1；而2和4的覆盖半径都相应减少了。在Slim-down了第一层后，4从A挪到了B，而2从B挪到了A。从而A和B的覆盖半径都减少了。

三、M*树在医学数据库中的应用

20世纪80年代以来，医学成像技术发展迅速，如磁共振（MRI）、计算机断层扫描（CT）、超声等，这些新技术设备产生的医学影像带来了更为精确的诊断信息，但同时也带来了新的问题——如何有效地处理这些成像设备生成的海量信息。一方面，各类图像经常需要在科室内部、科室之间、医院之间甚至地区之间进行传递，以供医疗诊断、治疗、远程会诊和教学的需要；另一方面，对医学图像的访问是通过在显示器上显示或保存在胶片上进行的。这就导致了有效利用图像资源所需的高速检索、实时访问等需求与人工检索速度慢、传送效率低之间的矛盾。因此，如何有效地管理和及时提供这些医学影像成为医院信息化进程中急需解决的问题。

（一）医学图像数据库

近年来，医学图像存档与传输系统（Picture Archiving and Communication System，PACS）对医学图像的管理和疾病诊断具有重要意义。PACS将计算机和通信技术相结合应用于医学领域，以"电子化"的方式在通信网络中传输、归档和显示各类医学图像，实现无胶片方式的医学图像存储和管理。在PACS中，医学图像的存储归档和查询是系统的主要任务之一，这通常是以医学图像数据库应用系统的方式实现的。

医学图像数据库包含多种图像数据类型，其图像内容属于医学范畴。医学图像数据库的功能应包含对多种图像数据的组织、存储、查询、展示和发布。由于医学图像数据本身具有信息量大、数据的非结构化（如视频、图像等），时间敏感性、不同媒体之间的复杂关系、交互性等特点，使得医学图像数据库的开发难度比较大。

医学图像检索技术是决定医学图像利用效率的关键因素。随着医学图像数字化的发展，传统的基于文本的检索方法已经越来越不能满足现代社会人们对医学图像快速检索提出的多种需要；随着基于内容图像检索技术的产生，医学图像数据库从单一的基于属性的图像数据库，转向了基于特征的图像数据库。数据库中管理的对象除了图像本身，还包括图像的特征信息，检索的实体是图像的特征，因此也要求医学图像数据库应具有进行高速的特征提取和对提取的特征建立高效的索引的处理机能。

（二）医学图像特征

图像的视觉特征包括纹理、形状和颜色等。相比较而言，纹理和形状特征的提取和描述十分复杂和烦琐，并且与具体应用领域知识十分相关，如不同器官不同功用的医学图像纹理和形状都具有一定的医学专业相关性。如果能够利用其他特征对整个数据库进行搜索减少候选集合的数量之后，再将其作为检索图像的后续步骤，将有利于减轻系统的负担，而提高检索的效率。

颜色特征是图像非常重要的视觉特征，也是图像的重要内容之一，主要原因在于颜色往往和图像中所包含的物体或场景十分相关，并且对于图像的几何特征而言，图像的颜色特征具有一定的稳定性，其对于图像本身的尺寸、方向、视觉的依赖比较小，表现出相当强的鲁棒性。同时在很多情况下，颜色是描述一幅图像最简便而有效的特征，正因为它具有这些优点，使其成为基于内容图像检索系统采用的主要特征之一，在CBIR系统中已被广泛运用，在这方面的研究也较为深入。

在医学图像中，大部分图像是灰度图像，而且通常灰度分辨率高，尤其是CT、MRI等图像的灰度级可能高达16位，而其灰度的动态范围通常也在1000级左右，包含十分丰富的图像信息，是医生诊断的重要依据。灰度特征是医学图像检索所用的最常见的特征之一，而灰度直方图是最常用的灰度特征表示方法。相对几何体特征而言，灰度直方图的运算实现简单，运算速度快，同时可以满足位移不变性、旋转不变性和比例不变性等要求，即RST不变性。这是判断CBIR算法性能优劣的重要准则之一。而其他算法为了满足RST不变性，算法较为复杂，需要采用优化的方法才能加以实现。直方图特征直接对医学图像的灰度值进行计算，计算出医学图像特征矢量，从而计算出图像之间的相似度，避免了通过图像分割、形状表示、字符串匹配进行图像检索引起的复杂计算。如果采用直方图特征作为医学图像检索的初步筛选依据，不会漏检相似的图像，保证了查全率。因此，考虑到海量的医学图像数据库系统环境下，为了实现更快速的检索算法，本文首选灰度直方图特征。

（三）医学图像数据库检索

在对医学图像特征和距离度量函数进行了研究与探讨之后，这里设计了医学图像数据库检索系统，并应用了M*树索引对特征库进行了组织。

1. 检索方案设计

检索系统包括三部分：第一，图像预处理模块。原始的医学图像入库时，首先需要对其进行预处理，包括医学图像的背景与物体的区域分割、对分割的区域进行内容特征的提取以及特征索引文件的创建等。第二，数据库服务器模块。该模块主要负责数据库的存储和索引方面。一方面，数据库服务器直接存储原始的医学图像数据，另一方面，保存经过预处理提取的图像特征。此外，特征索引文件也保存在数据库中。第三，搜索引擎模块。该模块包括查询接口子模块和查询处理子模块。查询接口主要是检索用户的信息需求，并且显示系统的检索结果。而查询处理对用户的查询请求进行分析和处理，并向数据库服务器提交查询请求，确保系统能够以最佳的方式处理用户的查询。

2. 医学图像数据库索引结构

在提取了医学图像特征，以及定义特征相似性度量函数之后，医学图像数据库中不仅包含了原始的医学图像库，还包含图像的特征库；为了提高医学图像数据库中基于内容图像检索的性能，需要对表示图像内容的高维特征建立高效的索引机制。

与以往的特征矢量不同，医学图像提取的度量直方图特征，是二维特征矢量的形式。而且不同的图像有不同的直方图形状，也就有不定维数的特征矢量，因此无法用向量空间的SAM索引方法对该特征进行索引。而且通过证明，人们知道度量直方图的距离函数也定义在度量空间上，因此可以采用基于度量的MAM索引方法。

第五章　嵌入式数据库索引设计与优化

数据库技术总是与计算环境的一定发展阶段相适应，新的计算环境和需求促成数据技术的形成和发展。随着移动计算环境发展，数据库系统也从集中式、分布式、B/A/S多层结构数据库系统发展到今天的嵌入式数据库系统。

第一节　基于红黑树的嵌入式数据库 SQLite 索引机制优化

一、嵌入式数据库系统

当前采用标准的关系数据库和数据同步/复制技术，嵌入式数据库管理系统已成为数据库领域的新焦点。与通用的桌面系统不同，由于嵌入式系统没有充足的内存和磁盘资源（或者没有磁盘），所以，不论是嵌入式的操作系统还是数据库管理系统，都要占用最小的内存和磁盘空间。如果采用文件系统或大型关系数据库管理系统，都不可避免地产生大量的冗余数据、数据管理效率低下等问题，所以，它们不能应用于嵌入式系统的数据管理。而长期以来，商业数据库都在不停地追逐高性能的事务处理以及复杂的查询处理能力，并制定了相应的行业标准。但是对于嵌入式数据库系统来说，不同的嵌入式应用系统其自身的特点不一样，对于普通的系统，一般只要求完成简单的数据查询和更新。但是随着移动计算技术发展，对于性能的度量标准：易于维护、强壮性、小巧性，在现有的各嵌入式数据库系统之间难以进行确切的比较，在这三个标准中，易于维护和健壮性是关键，用户处理除处理速度上的要求外，他们还需要相信存储在设备的数据具有高度的可靠性。易于维护性能够让它们的嵌入式设备正确地完成任务，而不必进行复杂的人工干预。反过来，这两个特点也促成了嵌入式系统的另各一个特征——小巧性的形成。嵌入式数据库系统可以支持移动用户在多种网络条件下有效地访问所需数据，完成数据查询和事务处理; 通过数据库的同步技术或者数据广播技术, 即使在断接的情况下用户也可以继续访问所需数据, 这使得嵌入式数据库系统具有高度的可用性; 其还可以充分利用无线通信网络固有的广播能力, 以较低的代价同时支持多移动用户对后台主数据源的访问, 从而实现高度的可伸缩性, 这是传统的客户/服务器或分布式数据库系统难以比拟的。

同时, 在嵌入式系统里, 我们采用得最多的, 是利用实时操作系统来实现系统的配置和快速运行, 如果在操作系统之上使用数据库管理系统, 那么, 数据库必须同时具备良好的实时性能, 这样才能保证在操作系统结合以后, 不会影响整个系统的实时性能。嵌入式数据库主要是管理存放在SRAM、ROM或Flash中的系统和用户数据。因为系统和用户的数据一般都在SRAM、ROM或Flash中, 但由于系统内存小和CPU速度慢, 因此, 在嵌入式数据库系统中数据的结构和算法以及数据查询处理算法非常关键, 必须采用特殊的数据结构、算法及相关的数据库精简技术。

(一) 嵌入式数据库特点

(1) 嵌入式数据库小内核, 占用磁盘空间小, 占用系统资源少, 嵌入式数据库必然受到嵌入式系统速度、资源以及应用等各方面因素的制约。嵌入式系统的内存空间一般都很小, 故嵌入式数据库必须能在有限的内存空间中运行。可通过限制嵌入式数据库所完成的功能和数据结构的数量及大小来减少占用的磁盘空间。

(2) 由于嵌入式数据库无法得到信息技术支持人员的现场技术支持, 故其自身必须具备可靠性和可管理性。

(3) 许多应用领域的嵌入式设备是系统中数据管理或处理的关键设备, 因此嵌入式数据库对存取权限的控制较严格。

(4) 嵌入式数据库系统中没有数据库管理员, 它的用户一般都具有很少的数据库知识, 因此, 嵌入式数据库系统必须具有自调节能力，具有较高的预见性和自适应能力。

（5）嵌入式数据库不像完整规模的企业级数据库那样需要很强的支持力量，它未提供除基本存储和检索外的其他功能，普遍使用自我管理的模式，能自动完成启动初始化、日志管理、数据压缩、备份、数据恢复等功能。

（6）嵌入式数据库有的时候还必须具有实时性，如实时数据采集、工业控制、股票交易对数据库和实时处理两者的功能均有需求，既需要数据库来支持大量数据的共享，维护数据的一致性，又需要实时处理来支持其事务与数据的定时限制。应用中的事务具有定时特性或对其有明显定时限制的数据库系统称为实时数据库系统。嵌入式数据库系统是实时系统，这种系统的正确性不仅依赖于事务的逻辑结果，还依赖于该逻辑结果产生的时间。因此要求系统能准确地预计事务的运行时间，尽量提高系统的数据操作速度。

（7）考虑到系统的通用性，很多嵌入式数据库是可裁剪的，允许开发者根据自己的应用需要添加或是减少服务。

（二）嵌入式数据库国内外研究和应用现状

随着嵌入式技术和Internet技术的日益结合，嵌入式设备越来越普及，嵌入式数据库作为嵌入式系统中较为核心的部分，成为国内外数据库研究的一个重要方向。近十几年来，有大量学者进行了这一新兴领域的研究，并已经取得了突出的进展。

在国外，嵌入式数据库技术的研究比较早，较为成功的有应用在UNIX系统中的DBM数据库，它由Ken Thompson开发，是应用在UNIX系统中的一个非常流行的数据库函数库，它有较小的内核，能够以函数库的方式提供全部功能，应用简单便捷，适用于存储静态的索引数据，但是缺少诸如数据访问算法、支持并发等数据库的关键技术。另外，美国RUTGERS大学、PURDUE大学、MARYLAND大学等研究了嵌入式数据库中的移动查询、数据广播、数据复制/缓存、移动代理、移动事务处理等技术，这对于研究嵌入式产品在移动环境中的数据管理技术具有代表性。早些年，甲骨文公司在美国总部宣布了嵌入式数据库发展战略与产品计划，对已有嵌入式产品线进行大幅提升，大力支持嵌入式数据库产品的创新和开发工作。

在国内，国防科技大学周兴铭院士主持的研究组对嵌入式数据库进行了大量的研究。他们构建出了嵌入式数据库系统的三级复制体系结构，并深入研究了数据广播技术，提出了数据广播的多盘调度算法，其研究的工作主要集中在改造传统数据复制技术，以便适应于嵌入式数据库的需求。

在嵌入式数据库市场，国内外各大数据库厂商具有日益激烈的竞争。在国外，Oracle、日立、IBM、InterSystems、Sybase、Firefbird等都积极开发产品占领市场。例如，Oracle收购了厂商Sleepycat及其BerkeleyDB产品，进一步完善了公司嵌入式应用软件的产品线。IBM公司在BD2通用数据库中推出了IBM DB2 Satellite和Everyplace版本，它支持移动计算功能，并且能使移动用户与企业中心数据源保持同步，可以较好地满足企业移动办公的需求。数据库领域的另一巨头微软公司也发布了面向小型设备的嵌入式数据库，微软开发了供内部使用的嵌入式数据库产品，但还没有发布为商业性产品。在国内，有三家研发单位推出了嵌入式数据库产品。一个是中国人民大学金仓研发的"小金灵"系统，它需要的存储空间小，支持多数SQL功能，具有数据存储功能、Web数据库访问功能，支持远程数据库和数据源的交换，能够运行在多种环境下，具有较高的开发效率。第二个是东软集团推出的OpenBASE Mini，它同样支持标准的SQL功能，具有事务处理功能，支持事务的提交和反馈，具有完善的数据同步机制，包含同步服务器和一些同步协同机构，支持多种连接协议，编程接口灵活，支持多种嵌入式操作系统。第三个是北京大学的ECOBASE，它采用模块化设计，可根据具体的应用进行定制，能够实现嵌入式环境下数据的自动管理与维护，能够在不同的平台之间进行移植，可在Linux、Windows CE 上运行，具有多种应用开发接口，多数据库支持，优化了代码设计，在本地机上分析处理有关操作语句，客户端只需下载最终结果。

国内外对嵌入式数据库的应用也极为广泛。在医疗领域，北美和欧洲的一些厂商利用嵌入式数据库研发过电子病历系统，还将数据库嵌入到医疗器械中，开发出新的医疗功能，如医学图像装置、血液分析装置等。在军事设备领域，一些军事机构和全球著名的武器生产商把嵌入式数据库运用到系统控制装置、军舰装置、火箭和导弹装置中。在地理信息系统方面，这几年国内逐渐加大了投入，将数据库应用到卫星天气数据监测装置、相关卫星气象和海洋数据的采集装置、大气研究监测装置、飓风监控及预测装置、导航系统等。在网络通讯方面，网络的普及和网络设备的处理能力的增强，运用嵌入式数据库已经是大势所趋，我们现在日常涉及的很多网络设备和系统都使用了嵌入式数据库，如交换机、路由器、基站控制器、语音邮件追踪系统等。在空间探索领域，一些全球著名的机构把嵌入式数据库应用在包括太阳系内行星的探测器在内的一些著名的空间探索装置中。在国内外应用最广泛的属于消费品电子领域，包括电子数码产品、移动电话、掌上电脑以及信息家电和智能办公相关的打印机、机顶盒、互联网电视接收装置、家用多媒体盒、汽车电子等，欧美和日本在这方面已经取得许多成功的应用和技术积累，并将进一步和亚太的著名厂商展开新的研发，进一步发展嵌入式数据库。

二、红黑树

红黑树是由Rudolf Bayer 发明的一种自平衡二叉搜索树，最初被称为"对称二叉B 树"，由于它的结点颜色或是黑或是红，因此在早些年被称为红黑树。

（一）红黑树性质

一棵规则的红黑树有以下性质：其一，每个结点都被着色，或者是红色的，或者是黑色的；其二，根结点是黑色；其三，所有叶结点都是黑色；其四，每个红色结点的儿子应是黑色的，但是黑结点的儿子既可以是红色，也可以是黑色；其五，从任何一个结点到其子孙叶结点的每条路径上黑结点个数是相同的。其中，规则其四称为红黑树的"红不相邻"特性，规则其五称为"黑平衡"特性。由红黑树定义可知，每一条从根结点到叶结点的可能路径的最长长度不会多于最短长度的两倍，这个限制可以保证红黑树在查询、插入和删除操作时最坏情况都是高效的。

（二）红黑树特点分析

1. 常见的索引机制

当表中有大量记录时，若要对表进行查询，第一种搜索信息的方式是将所有记录逐个取出，和查询条件进行一一对比，然后返回满足条件的记录，这样做无疑会消耗大量时间，并造成大量磁盘I/O操作。第二种就是在表中建立索引，然后在索引中找到符合查询条件的索引值，最后通过保存在索引中的关键字快速找到表中对应的记录。目前常用的索引机制包括Hash索引、B树和B+树、平衡二叉树（AVL）等。

（1）Hash索引。

Hash索引是用Hash函数创建的索引，也称哈希函数，它用一种算法建立真实值与关键值之间的对应关系，这种关系不是一一对应的，一个关键值可以对应多个真实值，但是每一个真实值只能有一个关键值，这样可以快速在数组等数据结构中存取数据。若数据结构中存在和关键字K相等的记录，则必定在f（K）的存储位置上。Hash

索引是一种直接定位的索引，它的检索效率取决于 Hash 函数。而不同的数据，可能采用不同的 Hash 函数才能获得最高的查询效率。哈希函数是从关键字集合到地址集合的映像，对于不同的关键字可能得到同一哈希地址，即 key1 ≠ key2，而 f（key1）=f（key2），这种现象称为冲突。一般而言，Hash 函数都会产生冲突，冲突只能尽可能的少，而不能完全避免。因此，在创建哈希表时，不仅要设定一个"好"的 Hash 函数，而且要设定一种处理冲突的方法。

（2）B 树和 B+ 树。

B 树是一种动态的调节平衡树，是二叉查找树的自然引申。在 B 树中查找给定关键字时，首先取来根结点，在根结点所包含的关键字 Kl，…，Kj 中用顺序查找或二分查找法查找给定的关键字，若找到等于给定值的关键字，则查找成功；否则，一定可以确定要查的关键字在某个 Ki 或 Ki+1 之间，于是取 Pi 所指的结点继续查找，直到找到或指针 Pi 为空时查找失败。

B+ 树是基本 B 树的变形，它和 B 树的区别在于所有的叶子结点中包含了全部关键字的信息，也包括指向含这些关键字记录的指针，且叶子结点按照关键字的大小从小到大的顺序排列，目的是能适应随机查询和顺序查找，且具有较高的存取效率。它的查找过程大体上与 B 树类似，区别在于若是非终端结点上的关键字等于给定值，查找并不终止，而是继续向下进行，直到叶子结点。因此，在 B+ 树中，不管是否查找成功，每次查找都是从根结点到叶子结点的完整遍历。B+ 树可以加速顺序访问的速度，还可以简化数据的删除过程。

（3）AVL 树。

AVL 树是计算机科学中最早出现的平衡二叉树，它的名字来自于其两位发明者 G.M.Adelson-Vels 和 E.M.Landis 在很多年前提出的。一个非空的二叉搜索树，左子树和右子树都是平衡二叉树，任何结点的左子树和右子树的高度之差小于1，也被称为高度平衡树。AVL 树上进行查找不会改变树的结构，查询时间复杂度与从根结点到所查对象结点的路径成正比，最坏情况下等于树的高度。进行插入和删除操作时，需要经过一次或者多次的旋转，需要保持高度的平衡。以插入为例，每插入一个新结点时，AVL 树中相关结点的平衡状态会发生改变。因此，在插入一个新结点后，需要从插入位置沿通向根的路径回溯，检查各结点的平衡因子，即左、右子树的高度差，如果在某一结点发现高度不平衡，停止回溯。从发生不平衡的结点起，沿刚才回溯的路径取直接下两层的结点，做平衡化旋转。

2. 红黑树、B 树、AVL 树比较

红黑树和AVL 树都是可以实现平衡的二叉查找树，两者最大的区别是红黑树是用颜色来标识结点的高度，进行插入和删除操作时，可以通过改变结点的颜色减少旋转次数。下面对三种操作进行分析。

在数据查询操作中，红黑树、B 树和AVL 树都需要从根结点进行遍历查找，查找效率和树的高度成正比，三者都具有较高的查询效率。但是由于B 树的结点里存放了多个关键字，如果关键字个数较多的时候，会降低查询效率，而红黑树和AVL 树每个结点中都是只有一个关键字，数据量大的时候仍旧具有较高的查询效率。

在数据插入操作中，AVL 树虽然有较高的操作效率，但却要以不断调整树的形状为代价，而且调整的情况有时候可能很频繁，例如，构建一棵平衡二叉树，插入9，11，10，13，14，12，8时，需要调整4次。为了减少旋转，出现了二叉树的扩展形式，也就是B 树结构，每个结点允许有多个关键字。这种结构之所以能减少调整的次数，原因在于允许容纳多个关键字的结点，所以在插入一个关键字的时候，在满足定义的前提下尽量利用结点剩余的空间，减少创建新结点的可能，这样就避免了调整树形的问题。但是对于一个n 阶的B 树，每个结点的关键字数最多为n-1，那么插入关键字时，如果该结点中超过了n-1 个关键字，要把这个结点分裂为2 个，并把中间的一个关键字插到结点的父结点里去，这也可能导致父结点中关键字个数也是满的，就需要再分裂，继续往上插。最坏的情况，这个过程可能一直传到根，如果需要分裂根，由于根是没有父结点的，这时就建立一个新的根结点。红黑树插入数据的时候，并不追求完全平衡，再加上用颜色来标识高度，可以减少旋转次数，每次操作都不会超过三次旋转。

在数据删除操作中，和插入操作类似，AVL 树需要不断调整树形结构以达到重新平衡，随着树高度的增加，AVL 树的旋转次数会大大增加。同样，B 树也面临着不断旋转来达到平衡，结点可能需要不断地分裂和合并，尤其是数据较多时，树的高度较大，删除数据的过程会非常复杂。红黑树的删除相比B 树和AVL 树依然有很大优势。

三、红黑树SQLite的体系结构及其工作机制

（一）SQLite 的体系结构

SQLite 拥有一个严密的、模块化的体系结构，它运用一些独特的方法来管理关系型数据库。它由八个独立的模块组成。这个体系结构模型将查询过程划分为几个不连续的任务，类似于流水线工作。在顶部编译查询语句，在中部执行编译好的指令，在底部处理操作系统的接口。SQLite 的体系结构如图5—1 所示：

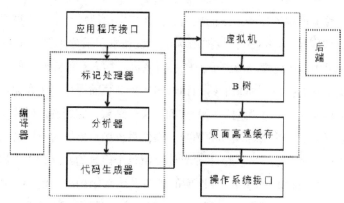

图5-1　SQLite 的体系结构

（二）SQLite 的内部工作机制

以上体系结构图显示，SQLite 有一种标准化的设计，它分为八个子系统，其中一些比较接近于关系数据库管理。上图的顶层是应用程序接口，用来连接程序或者库文件。剩余的七个子系统可以分割成两大部分：前端解析系统和后端引擎。

前端用来预处理应用程序传递过来的SQL 语句和SQLite 命令，对获取的编码进行分析、优化，并转换为SQLite 内部字节编码，传递给后端执行。前端可分为三个模块，包括标记处理器、语法分析器和代码生成器。标记处理器将输入的SQL 语句分成标示符，分析器对通过标记处理器产生的标示语句的结构进行分析，并且生成一棵语法树，分析器中包含重构语法树的优化器，因此能够找到一棵产生一个高效的字节编码程序的语法树。代码生成器遍历语法树，并且生成一个等价的字节编码程序。前端实现了sqlite3_prepare API 函数。

后端是用来解释字节编码程序的引擎，该引擎做的才是真正的数据库处理工作。后端部分由四个模块组成：虚拟机、B 树、页面高速缓存和操作系统接口。虚拟机模块是一个内部字节编码语言的解释器，它通过执行字节编码语句来实现SQL 语句的工作，它把数据库看成表和索引的集合，而表和索引则是一系列的元组或者记录，虚拟机是数据库中数据的最终的操作者。B 树模块把每一个元组集组织到一个依次排好序的树状数据结构中，表和索引被分别置于单独的B+和B 树中。B 树模块帮助虚拟机进行查询、插入和删除树中的元组，它也帮助虚拟机创建新的树和删除旧的树。页面缓存模块在原始文件的上层实现了一个面向页面的数据库文件抽象，它管理B 树使用的内存，另外，它也管理文件的锁定。操作系统接口模块为不同的操作系统提供了统一的交界面。下面具体介绍每个模块的特点和工作原理。

（1）接口。SQLite 数据库的接口是体系结构的最前端，由C 语言编写的API 函数组成。无论是程序、库文件还是脚本语言，最终都是通过应用程序接口与SQLite 相连接。从字面上看，它是开发人员、管理者或者学习者和SQLite进行对话的接口。

（2）SQL编译器。标记处理器、分析器和代码生成器共同组成了编译器。编译过程从标记处理器和分析器开始，它们协作处理文本形式的SQL查询语句，对其语法有效性进行分析，为了使底层能够更方便处理，它们将SQL语句转化为层次数据结构，也就是语法树，然后把语法树传给代码生成器进行处理。SQLite标记处理器代码由手工编写，它的任务是把原有字符串分成标示符，并把标示符传递给分析器。分析器代码是由称为Lemon的SQLite特定的分析器生成器生成的。当SQL语句被分解、编译并组织到语法树中，分析器就将该语法树传给下层的代码生成器进行处理，而代码生成器根据语法树生成一种SQLite专用的汇编代码，最后传送到下层的虚拟机里编译执行。

（3）虚拟机。虚拟机是指通过软件模拟的具有完整硬件系统功能的、运行在一个完全隔离环境中的完整计算机系统。在SQLite体系结构中，虚拟机是最核心的部分，也叫做虚拟数据库引擎（Virtual DataBase Engine，VDBE）。它的作用是执行由编译器生成的字节代码，然后传送给底层的B树，字节代码在内存中被封装成SQLite3-stmto VDBE，是用虚拟机语言来操作虚拟机的，每个程序都是为了访问和更新数据库，它的每一条指令都是用来完成特定的数据库操作，比如开始一个事务、打开一个表的指针等，或者为完成这些操作做准备。之所以说虚拟机是SQLite体系结构的核心，体现在两方面：一方面是它上面的所有模块都是用于创建VDBE程序，另一方面是它下面的每个模块都起着执行VDBE程序的作用，每次执行一条指令。由此可见，虚拟机处于中心位置。

（4）B树索引机制和页面缓存。虚拟机执行虚拟代码程序时，会调用B树模块的相关接口，并输出执行结果，B树可以让VDBE在时间复杂度为O（log2n）下查询、插入和删除数据，它是自平衡的，可自动地执行碎片整理和空间回收。B树本身不会直接读写磁盘，它仅仅维护着页面之间的关系。当B树需要页面或者修改页面时，它就会调用页面，修改页面时，页面保证首先把原始页面写入日志文件，当它完成写操作时，页面根据事务状态决定如何做。

指令最终都是通过B树和页面的共同作用从数据库读或者写数据，通过B树的游标遍历存储在页面中的记录。游标在访问页面之前要把数据从磁盘加载到内存，而这就是页面的任务。如果B树需要页面，它都会请求页面从磁盘中读取数据中，然后把页面加载到页面缓冲区，之后，B树和与之关联的游标就可以访问位于页面中的记录了。

（5）操作系统接口。SQLite操作系统的接口程序使用一个提取层，这样就能够在可移植操作系统接口（POSIX）和Win32之间提供可移植性，操作系统提取层的接口程序在os.h中定义。每一个支持的操作系统都有它自己特定的执行文件和头文件，Unix使用os_unix.c，具体操作器的头文件是os_unix.c，windows使用os_win.c，头文件是os_win.h。

四、红黑树SQLite数据库系统的设计

要通过红黑树代替B树索引来优化SQLite数据库，首先要构建出基于红黑树结构的SQLite数据库的模型，在此模型中，将所有数据加入生成一个红黑树，并根据这些数据进行查询操作，在这些数据中添加或者删除数据时，会增加或者删除红黑树的结点个数，红黑树根据自身的旋转规则来调整树的平衡，旋转不超过三次，使得插入和删除数据的操作效率比较高。

（一）模型的建立

在SQLite中，B树位于虚拟机和页面缓冲之间，作用是根据虚拟机执行的语句要求，在页面中检索需要的关键字信息。红黑树比B树

具有更高的统计性能，可以代替B树应用在SQLite中，实现索引作用。建立的模型表示如图5—2。

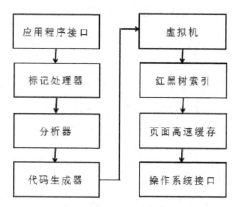

图 5-2 　基于红黑树的 SQLite 数据库模型

在该模型中，红黑树的结点结构包括结点颜色、关键字、左结点指针、右结点指针和父结点，进行的操作包括查询、插入和删除，可分别调用查询函数、插入函数和删除函数实现。图5—3 表示红黑树索引机制在SQLite中的工作原理。

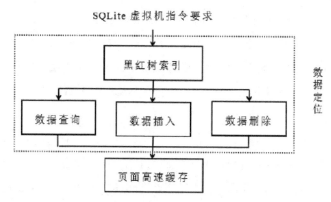

图 5-3 　红黑树在 SQLite 中的工作原理

（二）模型的实现

基于红黑树的SQLite 数据库的操作包括创建并打开数据库，查询、插入和删除关键字。模型的实现是根据红黑树的性质特点，采用C 语言编写程序，目的主要是测试红黑树作为索引结构在SQLite 数据库中的操作效率。

1. 插入操作的实现

红黑树的插入操作可以在O（log2n）的时间内完成。开始插入结点的时候和二叉查找树一样，先判断是否为空树，如果是，这插入的结点成为根结点，如果不是，则和结点中的关键字比较大小，判断插入左结点还是右结点，同时还需要判断是否是原树中的重复结点，如果是，则放弃插入操作。寻找到插入的位置后，将插入的结点着成红色，接着为了保证红黑树的性质，需要通过调用修复函数RB_InsertFixUp（）来调整该结点，对其重新着色并旋转。

调用插入函数后，红黑树的结构会被破坏，因此需要根据不同的插入情况和旋转规则，调用RB_InsertFixUp（）函数调整红黑树的结构，重新达到平衡。RB_InsertFixUp（）函数分为三种情况，对每一种情况有特定的旋转方法。

2. 删除操作的实现

在红黑树中删除结点相对复杂，首先也是调用删除函数，结点被删除后会改变红黑树的结构，破坏其规则，因此需要通过旋转恢复平衡。此时的旋转情况分类较多，所调用的RB_DELETEFIXUP（）函数也较为复杂。

如果将结点z 删除，考虑三种情况。如果z 没有子结点，则直接删除，修改其父结点p[z]，使NIL 成为其子结点；如果结点z 只有一个子女，这可通过在其子结点和父结点之间建立一条链来删除z；如果z 有两个子女，先删除z 的后继结点Y，再用Y 的内容代替z 的内容。流程图5—4 可以清楚地表示Z 的删除过程。

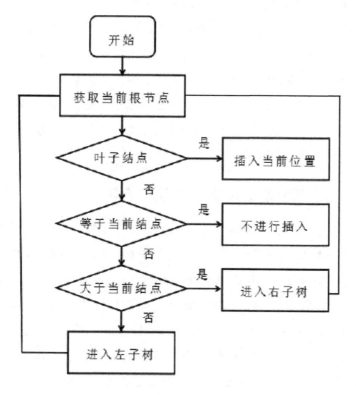

图 5-4 删除操作流程图

第二节 基于动态散列的嵌入式数据库混合索引

一、TC树结点结构设计

该树结构融合了红黑树可控树深度非严格平衡机制与T树的节点分裂合并机制的特点，所以，在树节点中应有颜色colour成员来标志节点的颜色红和黑。两种颜色的使用为了控制最长路径不大于最短路径的两倍，在算法具体实现时，不用拘泥于颜色的红与黑，使用任何两个指标都可标志。树中存储的关键字应从小到大排序，实际编程时存储在数组中。数组中的成员数应为系统定义的节点上溢界限Max_value。一般节点下溢界限mini_value 定义为Max_value/2<mini_value<Max value-2。为方便计算该节点中的节点数目，定义node_num 成员。另外设置该节点中的最大值和最小值成员：Max 和Mini。组后是分别指向左子树节点、右子树节点和父节点的三个指针成员：Lchild，Rchild，Parent。

二、IDH增量式动态散列的结构

增量式散列IDH 融入了可扩展散列结构上的特点，所以其结构与可扩展散列的结构类似，同样由目录和数据桶组成。目录由全局深度Id 和多个目录单元组成，数据桶存储数据，需要附加结构局部深度Bd。增量式动态散列与可扩展散列不同的是可扩展散列的目录项数目均为2 的N 次方（N 为正整数）。而增量式散列的目录尺寸并不均为2的幂数。对于可扩展散列，如果当前目录长度为2的x 次方，当目录扩展时，目录尺寸要么不增长，要么增加2 的x 次个目录单位，即增加一倍的目录尺寸。而在IDH 动态散列中，当目录扩展时，目录尺寸可能增长从0 到2 的x 次方个不等的目录单位。具体增量式散列目录增长单位的数目与溢出桶位置有关。

增量式动态散列与线性散列的检索操作算法类似，但是需要全局深度Id 的辅助：获取目录的全局深度Id 与当前目录尺寸L，待检索的关键词Key 对2 的Id 次方求模得到的值M 如果小于目录尺寸L，则M 号目录项指向的数据桶为记录所在的数据桶。否则待检索记录在关键词对2 的（Id-1）次方求模得到的值M 对应的目录项号指向的数据桶中。

三、IDH-TC混合索引机制

这里结合增量式动态散列IDH与TC树的特点，设计了一套适用于嵌入式环境的混合索引机制IDH-TC。

（一）IDH–TC 索引机制的结构

混合索引机制IDH-TC由上下两层组成：上层为IDH增量式动态散列，下层为在上述内容中提出的非严格平衡的TC树。设计IDH增量式动态散列的目的是设计一种溢出桶可以及时分裂并且目录扩展速度比可扩展散列缓慢的动态散列。混合索引结构由具有全局深度的目录和具有局部深度的数据桶组成。

为了更好地分析和阐述本文提出的混合索引机制IDH-TC的相关操作算法，我们首先对该混合索引机制IDH-TC的组成进行定义和解释。其涉及的相关概念解释如下：

（1）目录。其本质是目录项的集合，在C语言中，通常使用一片连续的内存空间来组织目录项与目录号之间的关系。目录的尺寸就是目录中包含目录项的个数。假设当前目录长度为N，则目录项由0到N-1进行编号。

（2）目录项。目录的组成单位。在目录中顺序存储，编号由0到N-1，在该混合索引机制中，目录项内存储着包含组织数据桶的TC树根节点的地址。因此，在获得目录首地址及目录项编号的情况下，通过计算的方式便可得到对应数目桶树根节点的地址。

（3）数据桶。存储在同一数据桶中记录的关键字通过散列函数散列后得到的散列值都相同并且等于数据桶所对应的目录项号。在该混合索引机制中，数据桶中的数据使用TC树来组织，另外需要成员局部深度Bd来辅助散列函数的计算。为了方便统计数据桶中数据数目，还应增加成员sum来标志该桶中存储关键字的个数。

（4）目录深度Id。是目录的一个属性。目录深度Id与目录当前尺寸L的关系为：（1<<（Id-1））<L≤（1<<Id）。

（5）桶深度Bd。是数据桶的一个属性。意味着数据桶中所有关键Key%（1<<Bd）的值是相同的。

（二）IDH–TC 索引机制的操作

为了方便混合索引机制的相关操作算法的理解，首先定义如下符号：L：目录中目录项的个数（目录尺寸）；Key：记录的关键字key；F（key）：散列函数，输入x，输出预设长度的01串；Id：全局深度，就是当前目录项需要标识的位数（初始值为1）；Bd：局部深度，桶实际标识的位数（初始值为1）；E_id：目录项号（初始值为0，由0递增）。取值范围为0≤E_id≤N-1≤2G_d-1。桶分裂条件：桶中存储的关键字和等于Split_num。

1. 检索操作

IDH-TC 的检索操作步骤具体描述为以下4个步骤：

步骤1：Key=Get（data）。获取记录的关键词K。

步骤2：Value=F（key）。对关键字进行散列，将关键字散列成统一范围内的一个值。

步骤3：通过下列公式5—1得到目录项号E_id。

$$E\_id=\begin{cases} value\%(1 \ll Id) & value\%(1 \ll Id) < L \\ value[1 \ll (Id-1)] & value\%(1 \ll Id) > \_L \end{cases} \qquad (公式\ 5\text{-}1)$$

步骤4：获取目录项号E_id中存储的TC树根节点，在该TC中查找关键字为Key的节点。如果存在，则查找成功，如果不存在，则不存在关键字为Key的记录。

从混合索引机制IDH-TC检索操作的算法描述中可以看出，其查询操作分为动态散列IDH中数据桶结构体地址的获取与TC树中检索操作两部分。显然在混合索引结构上层中的操作主要是计算和寻址。而下层操作涉及对比和寻址。计算相对于重复对比来说，其耗费的时间可以忽略不计。

2. 插入操作

IDH-TC 的插入操作步骤具体如以下几个步骤：

步骤1：Key=Get（data）。获取记录的关键词K。

步骤2：Value=F（key）。对关键字进行散列，将关键字散列成统一范围内的一个值。

步骤3：通过公式5-1可以得到目录项号E_id。

步骤4：获取目录项号E_id中存储的TC树根节点，在该TC中查找关键字为Key 的节点。如果存在，则插入失败，如果不存在，则按照TC树的插入算法加入到数据桶中。

步骤5：检查数据桶是否溢出。如果数据桶未发生溢出，则插入操作结束。如果数据桶发生溢出，则应对该数据桶进行分裂调整操作。此时溢出桶为待分裂桶。

从上述混合索引机制IDH-TC 插入操作的算法描述中，可知其插入操作由动态散列的计算寻址、TC 树插入操作与数据桶溢出调整操作组成。其中，动态散列的计算寻址过程与后两种操作的时间开销相比可以忽略不计。

在上述混合索引相关操作算法中，涉及到数据桶操作时，所调用的TC 树的相关操作与TC 树也略有不同。在数据桶分裂时，需要将一个数据桶中的部分数据移出并移入另一个数据桶。不可以简单地调用上个章节中的TC 树的删除与插入操作的接口。原因是，在TC 树中，删除一个数据后，当节点容量为0 时，要释放该节点的内存，插入一个节点时，要划分一块儿内存。而在该混合索引机制中，需要完成的是节点关系的调整，而不需要内存的释放与划分。如果直接采用上个章节中的TC 树接口。势必会实施大量的内存释放与开辟操作。从而一定会增加混合索引机制的时间开销。

第三节　基于 NAND 闪存的嵌入式数据库索引设计

一、NAND闪存数据库系统

（一）闪存数据库不同于磁盘数据库的评价指标

由于I/O瓶颈是用磁盘管理数据的主要难题，I/O次数越少，数据库的性能就越好，因此传统数据库实现的目标也十分明确，就是尽可能减少I/O代价。存储、索引、查询等的设计和实现目标也都是最小化I/O次数。然而，闪存与磁盘具有完全不同的性质，例如读、写速度不等，但都快于磁盘；重写前要擦除；擦除次数有限等。针对这些性质，用单纯的I/O次数来评价系统是否仍然合理？至少，既然输入（I）和输出（O）的代价不等，在新的指标评测中就应该考虑区别对待了。此外，闪存大多用于资源受限的环境中，那么内存使用情况、电源消耗情况等是否也应该作为更加重要的指标来考虑，从而影响整个系统的设计？我们的研究就是要将这些指标分析得更加透彻，归纳出哪些指标是由Flash本身决定的，具有广泛约束力；而哪些指标是由特殊硬件环境或者软件应用决定的，分析这些指标间的相互关系，并最终给出在不同指标限制下的不同实现方案。需要解决的问题可概括如下：

（1）系统整体性能与闪存读、写、擦等的次数之间有怎样的定量关系？

（2）系统电源消耗与读、写、擦次数之间有何定量关系？

（3）通常可以通过增加内存来提高系统性能，或者为了节省内存而降低系统性能，那么内存占用和性能优化二者之间如何权衡？是否可以将系统目标设定为：在任何给定大小的内存限制下，系统都能够最大化利用资源从而使得性能最优？也就是说，系统实现不依赖于内存大小，同时又能够最大化地利用已有内存。

（二）闪存数据库的存储和索引模型

从对研究现状的分析中可以看出，使用传统的以"块"为单位的存储方式会带来闪存的大量浪费和系统性能的下降。而使用日志式追加的存储方式又会使得数据记录变得无序，降低查找效率。怎样有效地组织闪存上的数据使得闪存资源在数据库应用环境下得到最合理的利用是一个十分有意义的研究问题。当然，这个问题本身也包括索引结构的设计。经过深入分析，我们发现传统的索引结构直接用于闪存之上存在非常严重的问题，并将这些问题进行了归纳总结，发现了闪存上索引结构设计的瓶颈所在，然后正在试图寻找新的方案来解决这些问题。由于闪存在重写前需要擦除这一特性，无论使用何种存储和索引方案，都必须考虑垃圾回收和损耗平衡的问题，而如何解决这些问题也将对系统最终的性能产生巨大的影响。也就是说，使用不同的垃圾回收策略可能导致系统性能的巨大差异。上述问题可总结为：

（1）在闪存上如何组织记录和索引？具体来说，就是数据库一个表中原始记录和索引条目分别以何种方式存储在闪存上？不同的表之间的数据存储位置又有什么关系？同一个表的不同索引结构之间的存储有何关联？

（2）上述结构如何维护？也就是在有数据库插入、删除和更新操作之后，怎样最小化对闪存的更新？我们现在的方案是将更新分解为插入和删除，因此需要建立一个删除列表，那么这个删除列表又应该如何维护？

（3）怎样设计缓冲策略，在尽量少使用内存的情况下最小化索引维护的代价？

（三）闪存数据库的查询处理和优化

在任何一个数据库管理系统中，查询处理和优化都是系统实现中的关键。考虑到闪存的特殊应用环境，查询处理所能使用的资源可能受到巨大限制；考虑到闪存的读写特性，查询优化的目标和内容也会有所变化；考虑新的存储和索引方案，查询处理和优化的实现策略必然要以此为基础。查询处理和优化的算法应满足以下约束：

（1）不应依赖于RAM，但又能充分利用可用的RAM。也就是说，当RAM资源紧张时，系统能够正常运行，但是RAM资源充足时，系统又可以利用这些资源来提高效率；

（2）合理利用已有的存储和索引结构。最大化发挥这些数据结构的优势，以充分利用闪存的特性（如读写速度不等）。

二、NAND闪存数据库系统框架

目前的NAND闪存数据库系统的索引的设计主要是基于磁盘的模型的设计。其主要特点是针对磁盘读写代价相当的模型设计的。研究的领域也主要集中在页面分配算法、垃圾收集和数据擦写算法等方面。对于NAND闪存以及随之而来的存储特性的改变还有待研究。

现存的数据库产品并不能很好地适应嵌入式工作环境。首先，现有的数据库都是为磁盘模型所设计的，其并未为NAND闪存的硬件特性所优化。其次，现有的数据库产品都不是纯粹面向嵌入式应用的。嵌入式应用的工作负载应该是灵活多变的，其读写负载不是一成不变的。此外，现存的索引机制都不能适应所有的灵活多变的硬件环境，因为NAND闪存在嵌入式系统中的应用不仅仅是板极芯片，其主要还是在各种形式的设备中。而这些封装极大地改变了原有的NAND闪存的数据特性，导致没有一种固定的读写模型适合所有的环境。

在设计这个基于NAND闪存的数据库系统架构时，对于索引策略及其参数的选择应该根据当前应用所使用的存储设备和工作负载的环境而做出。

（一）NAND 闪存实验数据总结

这里直接通过FTL对各种NAND闪存设备测试，而不通过文件系统。这项测试是对CF卡、SD卡、迷你SD卡的读写操作。

1. 读写代价

表下显示了不同设备中读写所带来的能量和时间损耗。该表中显示了读写代价的比率根据不同的设备差异非常大。比如，SD卡上一次写入操作的代价大概是读的200倍，然而在CF卡上写入代价只为读取的2倍。另外，在一些情况下，数据传输可能通过总线的形式，这时有可能总线的带宽不足以完全适用设备的特性，那么这时芯片的读写代价就决定于总线而非设备。

Flash 模块的页读写对比

设备	读（μJ）	写（μJ）	读（μJ）	写（μJ）
CF 卡 512MB	2970	6220	18000	29000
三星 512MB	0.74	9.9	15	200
SD 卡 512MB	109	22292	1100	193000

2. 访问模式

尽管不同设备之间差异很大，但是其能量和时间损耗都是读写页数的一个线性函数。

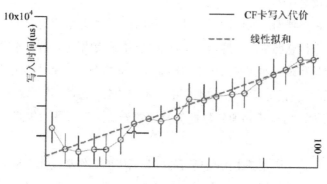

图 5-5　CF 卡写入代价线性拟和

图5—5 显示了在Sandisk Ultra II 512MB CF 卡上写入不同数据大小所带来的时间损耗。对于CF 卡的读取操作以及SD 卡的读取操作同样可以得到这样的曲线。对上图，我们可以为CF 总结一下能耗的公式：

E_r=2884.53+92.41N_P（μJ）

E_W=6144.57+121.93N_P（μJ）

这里N_p表示在一次读写操作中所涉及到的物理页。E_r表示读取N_p个物理页所带来的能量损耗，而E_w表示写入N_p个物理页所带来的能量损耗。该线性模型可以用在N_p从1到10000 的情况下。

SD 卡的线性公式如下：

E_r=96.79+20.98N_P（μJ）

E_W=22350.40+21.41N_P（μJ）

另外还须注意对逻辑上同一个页地址的重写会比在一个新页地址中写入要慢得多。这点不同在读取操作中不存在。对同一个地址的重写大概会是在一个新页中写入的4 倍时间。

（二）数据库工作负载

对于写频繁和读频繁的应用环境，其工作负载都会影响数据库的性能。

1. 读写比率

在传感器网络的应用中，其大部分时间都是写敏感的应用。比如一个声音传感网络，传感器会不停地把周围的数据写入数据库中，此时它就是写敏感的。然而当用户频繁地查询这个数据库时，此时就是读敏感的。而且，同一个数据库中，不同的数据短的访问特性往往会差异很大。用户感兴趣的数据就会被频繁访问，而另一些就会很少访问。

即使一个应用基本上是只写的，其索引的工作却往往不是只写那么简单。因为更新一个数据的操作会带来一系列的查询来确定更新的位置。那么，不同部分的索引也会有不同的读写比率，要么写敏感，要么读敏感。

2. 数据模式

索引数据的值改变也会影响索引的读写。如果被索引的数据是完全随机的，那么数据库中的索引结构的各个部分也应该是比较平衡的改变频率。但是，如果数据是有一定的相关性的，比如数据在短时间内总是相对稳定的，那么很可能一部分的数据库索引会表现得比其他部分更具写频繁特性。另外，大部分情况下，工作模式数据库是不可能提前知道的，或者数据库工作环境本身就是不停变化的。

（三）索引方法

索引是数据库中至关重要的部分。基本索引结构就是基于B+树的索引结构。其在多种数据库系统中都得到了具体应用。

目前在Flash上运行的B+树索引一共有两种：一种是基于磁盘设计的B+树，其就像处理磁盘一样处理Flash;另一种是日志形式的B+树，其使用日志结构。这两种设计都各有其优点：

（1）磁盘模型的B+树直接在模拟磁盘的抽象层上使用Flash。B+树的结点根据其大小存在一个或多个连续的物理页中。读取时，连续读取相关页即可。更新结点时，先把所有相关结点读入内存后修改再写回。Microsoft SQL Everywhere 就是使用的这种方式。这种B+树的优点是移植非常方便，完全和硬盘兼容。缺点是数据更新代价非常大，即使是一个B+树结点的很小一部分要更新，也不得不把整个结点读入内存，修改再写回，一旦写入新的物理页，原来的旧页就需要进行垃圾回收。所以，这种B+树设计不能适应写入频繁的数据库应用。

（2）日志模型的B+树使用类似于日志文件系统的设计，避免了更新所带来的巨大代价。其主要思想是组织一个类似于日志记录样的索引表。所有结点都与物理块联系起来，更新操作发生时，并不读入原有数据，只是在内存开设的缓存区中更新并在相应索引表里添加信息。当缓存区满Flash 一页时就写入Flash，所有逻辑结点的数据都由索引表索引。日志模式需要定期地进行垃圾回收。这种设计的优点在于合并了大量写入操作，减小了更新代价。然而，读取一个节点将会索引大量物理页，因为一个节点可能存在于不同的物理页中。这种B+ 树设计不能适应读取频繁的数据库应用。

第六章　实时数据库索引设计与优化

实时数据库的数据和事务都具有显式的定时限制，系统的正确性不仅依赖于逻辑结果，更依赖于逻辑结果产生的时间，为了满足实时数据库的高性能要求，必须解决许多理论和关键技术问题。索引是提高数据库系统执行效率的一种有效工具。索引选择问题是数据库物理设计中一个重要的优化问题。

第一节 实时数据库的体系结构

一、ARTS EDB的索引机制

（一）数据库索引技术分析

随着硬件技术的发展，内存容量的快速增加而价格下降以及对系统性能要求较高的应用推动了内存数据库的发展。自20世纪80年代早期，科学家们就进行将整个数据库或它的大部分放在内存的研究上。通过将数据库的"主版本"常驻内存可使系统性能获得很大的改善。现代数据库应用要求数据库具有主动、实时、时效等特性，而内存数据库因其高速存取等特性，自然作为对这些特性的底层支持。因此，开发一种适合嵌入式的内存数据库的索引就具有突出的意义。

索引是提高数据库系统执行效率的一种有效工具。索引选择问题是数据库物理设计当中一个重要的优化问题。MMDB索引的选择必然要受内存的快速存取以及高有效利用率影响。适用于MMDB的索引结构可以分为两大类：一类是数据保持某种自然排序，如各种数据结构；另一类是数据随机分布，如各种Hashing结构。Hashing实际也是一种索引技术。我们将在下面结合内存数据库的特点分别对其进行分析。已经使用的传统索引结构有下列各种：

1. 数组

在IBM的内存数据库系统OBE中，采用数组做索引结构。通过事先知道大小，或者通过像虚拟存储映射这样的技术而使其能妥当增长，使数组索引使用的空间最小。它的致命缺点是不能动态维护，每一维护操作所引起的数据移动量是O（n）级的(n为数组元素个数)。这个代价太高，因而除只读（read_only）环境外，数组索引没有什么实用性。

2.AVL 树

AT&T Bell 实验室的"硅数据库机"（silicon database machine）中以AVL树做内存索引结构。AVL树操作的时间复杂度为O($\log_2 N$)（N为记录数），因此具有较高的存取性能。但其突出的缺点是其内存的有效利用率很低，每个结点只有一个数据元素，却有两个指针和有关控制信息。

3.B 树

R.Bayer 和E.Mccreight 在前人经验的基础上提出了一种效率很高的外查找索引机制，称为B树，B树是一种动态调节的平衡树，B树的操作代价是：

$$O\left(\left\lfloor \log k + \frac{N+1}{2} \right\rfloor + C\right)$$

其中k是B树的阶(order，N是记录数，C是一个很小的整数。所以它的操作性能好，且能动态维护。但在该种索引中，关键字分布在整个B树中，并且在内结点（叶结点以外的结点）中出现过的关键字不再出现在叶结点中，这样，顺序链就不能将树中所有关键字链接在一起，这不利于需要顺序查找或排序的操作，其次，在B树中，删除操作比较繁琐，由于B树中结点中关键字的数目n需满足d≤n<2d(d 为预定义的数值，其大小由物理块的大小决定)，故当删除操作完成后若结点中关键字数不满足该条件，则向左边的兄弟（或右边的兄弟）借来一些关键字使得两结点的关键字个数相等，且都不小于d，如果邻近的兄弟结点中的关键字正好是d，则合二为一，于是父结点中也

少了一个关键字，因而又可能合并，最坏的情况会一直波及到根，引发整棵索引树的振动，这对于以提高执行效率为目的的实时数据库系统显然是不能接受的，故B树对于实时数据库系统也是不适合的。

4.B+ 树

由于B+树具有结构简单、整体平衡等优点已被大多数数据库所采用。在内存情况下，B+树索引己不再适合，因为它每个结点的覆盖率仅为55%，这对内存空间极其宝贵的MMDB来说存储效率太低。

而其他几种索引结构在处理复合索引时都存在不同的局限性，如网格文件不能有效地进行数组动态扩充和扩维、分段散列不支持范围查询、R树专用于空间数据库中的图形处理并且查询时可能要遍历多条路径，因而也不符合内存数据库的要求。

基于以上分析可知，在实时数据系统中，索引不仅具备较高的存取性能，同时又能有效地利用内存空间。因此，开发一种兼有其优点而克服其不足的内存索引结构是很有意义的。ARTS EDB项目组在综合分析各种索引技术后，对AVL树和B树进行了改进和优化，提出了一种新的索引技术SB树（Sequential Binary Tree 兼有AVL 树和B 树特征且克服了其不足），它保留了AVL 树固有的二分搜索的特点，又吸取了B树每个结点可包含多个元素的优点，而且每个结点只用两个指针域，所以它既具有较高的空间利用率，又具有很好的存取性能，是一种适合MMDB 的索引结构。我们将在下一节中介绍它。

（二）ARTS EDB 的 SB 树索引

1.SB 树中单个元组的查找

SB 树的查找类似于二叉树，其不同之处在于每一结点的比较不是针对其中的各个元素值，而是其最大（即最右的索引项）和最小（即最左的索引项）。若小于最小者或大于最大者，则分别在左、右子树中继续查找，否则在当前结点中以二分查找。

2.SB 树的区间查询

SB 树为二叉排序树，我们采用中序遍历得到的将是关系中按主键值从小到大顺序排列的所有元组。因此，在读取结点的每个索引项时，需进行区间判断。若某元组主键值在区间内，则在元组地址链表中插入一个结点，以记录元组的地址。遍历完之后，将满足条件的元组地址链表返回给QP（查询处理）。SB 树的遍历采用中序递归调用实现。

3.SB 树的插入

插入操作首先通过SB 树中单个元组的查找来定位要插的结点，若能定位并适合则插入；否则建新结点，再维护树的平衡。

4.SB 树的删除

首先通过SB 树中单个元组的查找来定位要删除索引项所在的结点，然后删除，并进行结点内部平衡调整；若结点为空，则删除，再维护树的平衡。

5.SB 树的平衡调整

（1）插入结点时的平衡调整。

当插入时，最多只需一次旋转即可使SB 树恢复平衡，平衡旋转是当SB 树在插入结点后产生不平衡时进行的。

从平衡树的定义可知，平衡树上所有结点的平衡因子的绝对值都不超过1。在插入结点之后，若SB 树上某个结点的平衡因子的绝对值大于1，则说明出现不平衡；同时，失去平衡的最小子树的根结点必为离插入结点最近，而且插入之前的平衡因子的绝对值大于0（在插入结点之后，其平衡因子的绝对值才可能大于1）的祖先结点。

（2）删除结点时的平衡调整。

在SB 树a 结点中删除某一索引项时，若a 满足1c+rc<2n-m 且为非叶结点，则要取其最大下界结点b 的最大下界或最小上界结点c 的最小上界来补充。对于b 和c 结点也要判断是否满足1c+rc<2n-m 且为非

叶结点，若满足，则重复上述操作，直到叶结点。此时，若叶结点为空，则删除。

因此，SB 树每次删除的一定是叶结点，它的删除将引起以其父结点为根的子树的旋转，从而使该子树的高度减小。这样就可能向上连锁反应，使高层结点旋转。

6.SB 树结点的内部维护

当在某结点内部查找时，采用二分查找能快速找到所需元素。而在结点内部插入或删除元素时，则要维护结点中间元素en 左右元素个数的平衡，即结点的|lc-rc| 必须小于等于1。

二、ARTS EDB的系统结构

（一）ARTS EDB 结构模块

ARTS EDB 以关系模型为基础，引入时间维来描述系统的行为或信息与时间之间的关系，说明何时系统状态发生变化（发生一个事件）以及某一事件出现时要执行什么活动（事务）。整体设计采用的是分层次模块化构造。它主要包含以下几个模块：

（1）用户接口（System interface），负责用户命令的接收、解释及数据库系统执行结果的输出。

（2）数据定义及数据说明（Data Spec）部分，主要功能有：①扩展的SQL 语言（ESQL）、主动实时数据语言（ART-DL）及嵌入主语C 的SQL 的处理；②数据字典DD 的建立与维护；③事件的定义及事件库（E-B）的维护；④触发器库（T-B）的维护。

（3）应用程序说明（Application Spec）及静态预处理（Static Preprocessing）主要完成以下功能：①事务（包括事务间结构关系）的定义及事务表（T）的维护；②应用程序的定义及应用程序库（P-B）的管理。

（4）事务处理模块（TM）主要完成以下功能：①各种事务操作

原语的实现（Transaction Excuting）；②事务优先级的分派；③事务的接纳、放行、调度及并发控制。

（5）系统的运行控制管理（DB Running Mgt.），主要对ARTS_EDB系统进程和用户进程管理。

（6）查询处理（Query Process）部分，主要包括：①对数据库的查询、插入、删除、修改等操作；②插入、删除、修改等操作的完整性检查。

（7）内存数据库管理（MMM），主要实现下列功能：①内存与缓冲区的管理；②内存数据库（MMDB）与索引（INDEX）的管理。

（8）备份和恢复模块实现下列功能：①外存数据库（SDB）以及远程备份的管理；②恢复处理（Recovery），包括备份、检验点、日志等。

（9）主动机制（AM）部分主要负责以下任务：①事件的探测；②触发条件的评价；③通知事务处理模块被触发的活动。

其中上层包括用户接口、数据说明、应用程序说明、静态预处理等；底层是数据存取层，包括外存数据库、内存数据库、恢复模块等；中间层以事务执行为中心，包括查询和事务管理、主动机制、内存管理以及索引等；而数据字典、触发器库、事件库、应用程序库和事务表是联系各层的纽带，这样便于模块的裁减和组合，具有嵌入式特征，是一个适合嵌入式、实时、主动（事件驱动）应用的数据模型的实现系统。

（二）ARTS EDB 事务执行流程

在ARTS EDB 中，事务按执行方式可分为如下三种类型：

（1）即席事务：用户交互式地打入并解释执行ESQL语句，但每次只能执行一条ESQL语句。

（2）预编译事务：这是一种系统事务，它对包含ESQL的脚本文件进行预编译，存储相关的静态事务信息，生成可执行程序，但不真正执行ESQL 语句。

（3）预定义事务：执行预编译事务已生成的可执行程序，真正
执行ESQL 语句。

每个事务的处理流程都要经过四个阶段：

（1）接纳阶段：客户端向服务器发送事务请求，若同意接纳，
则基于事务的实时级别和时间紧迫度等给事务分派优先级，事务进入
放行阶段；若不同意，则返回等待信息。

（2）放行阶段：若为预定义事务，则根据存取数据集装载不在
内存数据库中的数据；事务进入调度阶段。

（3）调度阶段：当调度时机到时，事务管理器按事务优先级降
序进行调度，优先级高的事务优先获得调度。

（4）执行阶段：执行指定事务，调用对应的事务原语Begin、
Commit 和Abort；在执行过程中，要根据优先级进行相应的并发控
制，进行数据操纵、记日志、做检验点等最后将结果返回给客户端。

第二节　流程工业分布式实时数据库智能索引系统设计

一、分布式实时数据库索引技术

通过20 多年的发展，传统实时数据库理论与应用研究领域目前
已趋向成熟，代表产品为OSIsoft 公司的PI，AspenTech 公司的IP21，
Honeywell 公司的PHD，GE Faunc 公司的iHistorian、北京三维力控公
司的PSpace、中控集团的FSP-iSYS、中国科学院的Agilor 等。

目前应用在分布式实时数据库的研究主要集中在缺乏智能化的事
务实时调度算法、并发控制机制、故障监测与恢复、动态路由与负载
均衡等方向。针对多副本环境下的、智能化的上述各方向，则研究相
对较少；事务优先级分配策略的研究大多集中在集中式实时数据库和

针对单节点的分布式实时数据库，对于多节点并发执行事务的实时调度机制的研究则相对较少。应用于流程工业中传统实时数据库的主要架构。

当流程工业达到一定规模后，上图中的"实时数据库系统"需要多台服务器组成，即为分布式实时数据库系统。但现有的流程工业分布式实时数据系统存在以下问题：

（1）缺乏智能化、平台化的数据服务。用户需要手动管理、改变数百万个测点（组）及其副本的位置。系统在出现服务器宕机、负载不均衡时，需要手动操作或简单地做数据迁移以调整负载，用户需要重新获取测点（组）所在的服务器。

（2）对服务器硬件性能要求高，投资成本大。传统的大型实时数据库系统往往依赖于高性能、高配置的服务器，购置与维护软、硬件的投资成本达到数百万元。而与之同等性能的通用服务器集群的价格仅为其十分之一左右，具有明显的成本优势。

（3）独立运行的数据服务器构建的实时数据库系统难以规避数据灾难的风险。一旦数据服务器或网络出现故障，将造成生产过程信息的丢失，降低系统的可用性，为工业控制、数据挖掘、统计分析等应用带来不可估量的损失。

（4）传统实时数据库在扩大生产规模（如二期工程投产）时的系统容量扩展并不灵活，需要由用户手动进行组态配置、负载均衡等大量工作。这些工作将产生显著的人力资源投入，且往往无法达到系统负荷的最优配置。

（一）查询技术

1.分布式实时查询任务调度机制

查询任务是用户定义的数据库基本操作序列，流程工业领域上层用户的查询任务常常是实时查询任务。所谓实时查询任务是指查询任务的完成有一定的时间限制，查询任务不仅要做完，而且要及时做完。涉及单个节点的查询任务称为本地查询任务，涉及多个节点的查询任务称为分布式查询任务。分布式实时查询任务就是分布在多个站点上执行的实时查询任务的集合。

2. 测点数据写入和订阅的位置查询

当用户发起测点（组）数据的写入操作或订阅某测点（组）的请求时，首先生成相应的查询任务，由查询任务管理调度机制生成相应的任务，并向智能索引模块发出查询请求，以得到测点数据当前所在的服务器节点，并返回给查询任务的发起者，然后，查询任务将查到的服务器节点所部署的单体大型实时数据库的快照服务（写时）或查询服务（订阅时）的IP、端口信息返回。

当客户端发起写入/订阅请求时，首先由查询任务管理机制生成相应的位置查询任务，并计算待写入/订阅的测点（组）的Hash值，得到其对应的Token，然后读取买时索引中的T-N序列，得到待推送/订阅的测点（组）当前所在的服务器节点。最后，客户端的采集器服务（写入时）/订阅进程（订阅时）与相应服务器节点的查询服务（写入时）/快照服务(订阅时)通过分布式网络通信平台建立连接，然后写入/订阅测点（组）数据。

3. 测点数据的历史数据的位置查询

（1）查询流程。当用户发起查询某测点（组）的时，首先生成相应的查询任务，由查询任务管理调度机制生成相应的任务，并向智能索引模块发出查询请求，以得到测点数据在所查询的各个时间段，数据分别存储在哪些服务器节点上，并返回给查询任务的发起者，然后，查询任务将查到的这些服务器节点所部署的单体大型实时数据库的查询服务的IP、端口信息返回。

（2）查询机制设计。如下图所示，利用Hash算法，得到待查询测点（组）对应的Token，从而获取图中的纵向箭头所示的Token方向的定位，然后截取纵向箭头被查询起始时间和查询终止时间之间的部分。

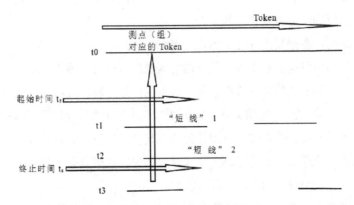

测点（组）历史数据查询机制

设查询起始时间为t_s，查询终止时间为t_e，查询测点（组）在时间t_s-t_e之间所在的服务器节点到图中"短线"2中的T-N局部序列中查找，时间t_1-t_2之间所在的服务器节点到图中"短线"1中的T-N局部序列中查找，时间t_s-t_1之间所在的服务器节点到图中"长线"中（t_0时刻）的T-N全序列中查找。

（二）均衡技术

在分布式系统中，负载均衡是系统的重要组成部分，分布式负载均衡经典策略近邻法，由多对近邻间交换负载，逐渐达到全系统的负载均衡，其中的代表算法有：扩散法（Diffusion）、维交换法（DEM）、梯度法（GM）等。Diekmamn、Bahi等对扩散法进行了不同的研究和改进。

上述系统中的负载均衡方式是基于文件迁移的，即把负载较重的服务器节点中的数据发送到负载较轻的服务器节点中。然而在流程工业领域，上述机制存在以下问题：

（1）在流程工业分布式实时数据库中，由于测点数据在上送的时候有相应的压缩机制，即测点数据波动较大的时候数据较密集，测点数据较平稳时数据较稀疏。这种不确定性，加上测点类数据的连续性特点，导致负载失衡频繁发生，并且无法像K-V数据库存储系统一样以某个独立的Key或某基本单位为粒度进行迁移。

（2）在流程工业分布式实时数据库中，由于往往有海量测点源源不断地推送数据，同时，多个用户的大量订阅操作、历史数据查询操作使得网络带宽成为系统性能瓶颈，如果仿照NoSQL机制那样，以数据迁移为主的负载均衡机制实现系统，则数据的迁移将会很频繁，造成大量网络带宽的占用，严重影响系统性能。

（3）在流程工业分布式实时数据库中，订阅用户对系统实时性要求较高，然而，若系统频繁迁移数据，则会造成智能索引服务数据迁移记录的增长过快以至于无法常驻内存或造成崩溃。

（三）多重副本管理技术

副本的T-N序列的生成策略主要概括为：跨服务器备份策略和跨域备份策略。所谓跨服务器，是指副本所在的服务器节点不能和原数据在同一个服务器节点上；跨域备份是指对于副本份数大于等于3的测点（组），至少有一个副本和原数据存储在不同的域（网段）上，以防整个域失效。

基于以上原则，在生成T-N副本序列1时，对于一任意的Token，在其原数据T-N序列中所对应的Node和其副本T-N序列1中所对应的Node不能相同，例如，在原数据T一序列中，某Token被Node1所管辖，在副本T-N序列中，该Token就不能被Node1管辖。副本T-N序列的生成方式可以动态修改。这里采用简单的策略：分组交换法，即Node1、Node2为一组，Node3、Node4为一组，Node1在原T-N序列中管辖的Token在副本T-N序列中归Node2管辖，Node2在原T-N序列中管辖的Token在副本T-N序列中归Node1管辖；Node3在原T-N序列中管辖的Token在副本T-N序列中归Node4管辖，Node4在原T-N序列中管辖的Token在副本T-N序列中归Node3管辖。若最后剩下三个服务器节点，可做轮换处理。

副本T-N序列2的生成可以将服务器节点跨域分组，例如，假设服务器节点Node1、Node2在域1中，服务器节点Node3、Node4 Node5、Node6在域2中，域1中的Node1和域2中的Node3、Node4 分为一组，域1中的Node2和域2中的Node5、Node6一组，以此类推，副本T-N序列1实现了跨服务器备份，副本T-N序列2实现了跨域备份。

二、分布式智能索引系统需求分析

随着现代流程工业的规模不断扩展，单机数据库和互相孤立的、通过简单路由连接的伪分布式数据库已经难以满足对海量数据实时存储处理的需求。上层的先进控制及过程优化（Adv. Control&Optimization）系统、设备维护系统（Maintenance）、计划/调度（Scheduling/Planning）系统、管理系统（Business Systems）及底层的人工操作数据（Manual Data）、工控系统（MMIs）、实验室数据（Lab Data）、DCSIPLC系统等用户对数据处理平台的功能需求、性能需求及可靠性需求如下：

（一）功能需求

对系统的功能需求主要有以下四点：

（1）要求系统可以在不间断服务的前提下动态可扩展、可伸缩：可以通过服务器的个数的增长来达到提高处理容量的目的，原则上，只要物理条件容许，可以做到无限在线扩容。

（2）要求系统业务无关，当用户以不同粒度存取不同关联性的测点（组）数据时，需要系统机制兼容。

（3）要求系统在遇到节点宕机、增减节点、节点负载失衡、节点磁盘/CPU/内存等资源接近耗尽、节点磁盘损坏等各种正常和异常状态变化的情况下能不停止服务，自动处理。

（4）要求系统对用户只暴露简单功能，一般用户不需要维护分布式环境下的测点（组）数据的存储位置；管理员用户能对系统进行直观的管理。

（二）非功能性需求

对系统的非功能性需求主要有以下五点：

（1）任意请求从发起到处理，不能超过2s，实时数据订阅的延时时间不能超过1s。

（2）100M带宽的情况下，数据转发速率应在5MIs或以上。

（3）在数据有多个副本备份的情况下，要求历史数据能够并发查询。

（4）系统不依赖于少数的高性能节点来解决网络带宽、全局索引信息的存储与查询等性能瓶颈问题。

（5）整个系统可在各机器CPU达到或超过50%的情况下稳定运行一个月；系统具备较好的容灾能力（任意节点宕机，系统在不中断服务的情况下自处理；副本配置份数大于1的数据不影响查询）；副本的份数可配置、在份数变化后自调整；对于磁盘损坏的情况有恢复机制。

三、分布式实时数据库系统总体设计

（一）分布式实时数据库总体架构

这里重点论述组成其智能索引系统的三个核心模块：智能索引模块、负载均衡模块、多重副本模块。

（1）智能索引模块是整个系统的核心组件，包含全局索引信息，以轻量化的方式包含了数百万规模测点（组）在不同时间段所在的位置信息。测点（组）在写入、订阅、历史查询的过程中，向发起查询的事务模块提供待读/写数据所在的节点位置信息。同时，智能索引模块会根据状态监测模块上送的节点信息情况以及负载均衡模块提供的相应策略，以改变测点数据的历史和未来的存储位置。

（2）负载均衡模块主要为智能索引模块提供策略支持，决定了智能索引模块触发测点（组）索引位置变化的条件和变化策略。

（3）多重副本模块主要负责生成副本并负责存储、管理副本所在的位置测点数据丢失时，还负责根据副本重建数据。

（4）其余模块起辅助功能：

①动态路由模块主要在数据跨网段存取、迁移时提供最优路径，并在路径不通的情况下给出备选路径。

②状态监测模块主要负责监测系统中各节点的内存、CPU、磁盘的使用情况，汇总信息，定期（正常情况）或非定期（异常情况）向智能索引模块上报各节点状态信息。

③数据迁移模块主要负责接受智能索引模块的迁移指令，将指定大小的数据从指定的迁出节点迁移至指定的迁入节点，并将迁移结果上报给智能索引模块。

以上模块本质上是将多个单体大型实时数据库智能地连接成一个整体，不需要关心数据被存储在哪个服务器节点上，也不需要关心所读的数据来自于哪个服务器节点，随着服务器节点数量的增加，分布式数据库整体性能与可靠性随之增加。各服务器节点在底层的通信依赖于分布式基础通信平台，它封装了复杂的操作系统差异、复杂的网络协议以及域间路由操作，使上层策略（智能索引系统等）可以不必关心底层实现细节，专注于业务逻辑的开发。

（二）单体实时数据库系统设计

应用于流程工业领域的单体大型实时数据库主要由上送数据的采集器、处理数据的服务器以及各种客户端应用工具组成，数据源为流程工业各待测测点（组）的现场实时数据，数据经过采集器组件的整合处理，推送至数据库中，供客户端查询订阅。

采集器模块主要负责将工业现场的各类数据进行统一化处理与压

缩，然后向指定的快照服务推送数据。当网络断开等原因引起数据无法上送时，采集器需要利用双缓存队列将数据缓存，功能恢复的时候可以续传数据。

快照模块管理了一片内存，主要负责接受采集器组件的数据推送，当测点数据达到一定阈值后需要Flash到归档服务（磁盘）上；同时快照服务还要提供测点（组）数据的订阅和测点（组）较新的历史数据查询。

归档服务为测点数据建立了文件中的索引，提供测点数据的持久化存储，同时为历史数据的查询客户端提供查询接口。

查询服务通过线程池机制管理了多个订阅及历史数据查询客户端，解析其请求，并将查到的测点数据返回。

这里设计的分布式实时数据库系统中，每个服务器都要配置一个单体大型实时数据库，以提供各种本地读写服务，本文提出的智能索引机制本质上就是管理、协调多个服务器上的单体大型库，使其变成一个对外封装的、高性能的实时数据库。

（三）分布式基础通信平台设计

分布式基础通信平台是建立在网络中间件上的一个通用、高效的底层网络通信平台（NetUtility），平台为上层提供跨域、跨平台的网络通信服务以供上层应用程序二次开发。

分布式基础通信平台使用面向服务的系统架构实现：在底层实现跨平台的网络中间件，在其上层实现客户端的并发访问控制，设计Route 通信服务器以提供节点管理和数据转发服务；实时数据存储索引机制主要提供了在分布式环境下，对测点（组）实时数据和历史数据的存储、索引、查询等基本功能，这里依赖于上述的分布式基础通信平台及实时数据存储检索机制，实现了以智能索引模块为核心的高级功能，使测点在系统内部的存储、索引、切换、恢复等情况对用户完全透明。

平台封装了操作系统的差异，剥离了业务逻辑数据和数据传输，提供了跨网段的数据传输通道，封装了域间的数据转发操作，使上层应用程序不需要关心底层数据的Router路径等问题。在多路分离等框架下实现高效的跨平台网络通信功能，同时利用心跳检测、路径冗余等机制保证了底层网络通信的可靠性，为本文所述的各种节点间的控制信息和数据信息的传输提供底层通道。

第三节　组态实时数据库索引机制设计

一、组态实时数据库系统

（一）实时数据库的体系结构

一个严格的实时数据库管理系统（RTDBMS）也是一个数据库管理系统（DBMS），所以，它也具有一般DBMS的基本功能：永久数据管理，包括数据库的定义、存储、维护等；有效的数据存取，各种数据操作、查询处理、存取方法、完整性检查；事务管理，事务的概念、调度与并发控制、执行管理；存取控制安全性检验；数据库的可靠性恢复机制。

但传统的DBMS的设计目标是维护数据的绝对正确性、保证系统的低代价、提供友好的用户接口。这种数据库系统对传统的商务和事务型应用是有效的、成功的，然而，它不适合实时应用，这关键在于它不考虑与数据及事务相联的定时限制，其系统的性能指标是吞吐量和平均响应时间，而不是数据及事务相联的进时限制，调度与处理决策根本不管各种实时特性。

与之相反，RTDBMS的设计目标首先是对事务定时限制的满足，其基本原则是：宁可要部分正确而及时的信息，也不要绝对正确但过时的信息。系统性能指标是满足定时限制的事务的比率，它要求必须确保硬实时事务的截止期，必要时宁肯牺牲数据的准确性与一致性。软实时事务满足截止期的比率相对较高，但要100%满足截止期很难或几乎不可能。因此，除了上述一般DBMS的功能外，一个RTDBMS还具有以下功能特性：第一，数据库状态的最新性，即尽可能地保持数据库的状态为不断变化的现实世界当前最真实状态的映像。第二，数据值的时间一致性，即确保事务读取的数据是时间一致的。第三，事务处理的"识时"性，即确保事务的及时处理，使其定时限制尤其是执行的截止期得以满足。

在组态软件中，实时数据库的功能和要求又有其不同的特点。

首先，实时数据库管理系统首先是能够对实时数据库中的点信息进行配置，描述数据库中各种数据点的特征、属性，起到数据字典的功能，因此它需要存储在磁盘中，以便下次启动项目时，不需要重新配置。这就是实时数据库的组态功能，它是实时数据库运行系统的基础。实时数据库运行系统的基本功能就是根据组态数据库的组态信息，构造实时内存数据库、事件库、主动规则库、优先级库、历史数据库及其缓冲区，并根据事务优先级，创建事务处理线程，完成事务处理，且给外部应用提供访问接口。这些实时组件的构造，其目的是为了构造一种系统机制，在该机制的驱动下，尽可能满足其作为实时数据库的特点，数据库状态最新，保障时间一致性和实时的及时的事务处理等。

其次，实时数据库管理系统的运行分为组态状态和运行状态。其中组态状态和传统数据库的设计状态类似，用于实时数据库组态开发阶段，不考虑实时性问题；运行状态是实时数据库系统的主要状态，它不同于传统数据库的执行模式，是一种基于优先级的事务执行模式。一旦系统进入实时运行模式，系统就根据事先定义的事务优先级进行执行，不能动态增减。系统如需要进行修改，就必须切换到组态模式进行处理。

因此监控组态软件的实时数据库系统分为以下几个部分：

（1）组态数据库。由于其主要用于系统里项目工程的特殊配置，记录项目中的设备配置情况、数据点的属性、时间相关性等，考虑到充分利用操作系统的功能和现有成熟技术的廉价性，采用传统的关系数据库，用于记录组态信息，以便构造实时数据库系统。

（2）事件库。事件从概念的语义上，可以看成是一种突发的紧急的，需要立刻处理的事情，有点类似于计算机系统里的中断。它可以看作主动机制的一部分，它导致系统停止现在进行的工作，并保存当前的状态，对突发事情进行处理，处理完毕后，再调出保存的状态，继续原来的任务。在实时数据库系统里加入事件库，目的在于处理系统中出现的未可预知的事件，使得最重要的事情得以及时处理。（包括数字量报警、模拟量报警、采样周期到、历史缓冲区满等事件，以触发相应的事务。）

（3）主动规则库及其规则编辑系统。事件和状态评测，正是主动规则的体现，对于复杂的情形，某种事务活动有可能与多个数据状态相关，必须多个数据状态满足一定条件，事务活动需要触发执行。主动机制规则的编辑，是系统组态的一部分。在运行状态下，也需要载入内存中以提高运行速度，系统线程周期性扫描该规则库，同时触发相应的事务。

（4）优先级库。其功能在于评测实时数据库系统数据的优先级状态，为事务调度提供依据。该优先级与数据点的实时特性和现在的时间息息相关，为了满足系统的时间一致性和定时限制，动态调整优先级，使最需要更新的数据获得系统资源，从而保证实时性。

（5）历史数据库。记录实时数据，数据压缩，以及冗余备份。在监控组态系统中，有些数据是需要以时间作为横坐标进行历史存储的，为系统的将来决策提供历史依据，但是历史数据的存储所需要消耗磁盘I/O，而磁盘I/O又是系统速度的瓶颈，大规模频繁的磁盘调度不仅减慢系统的运行，而且也降低磁盘的使用寿命，甚至造成系统瘫痪破坏。因此历史数据的转储机制也相当重要，为了不丢失历史数据，又减轻磁盘的I/O重负，引入历史数据的缓冲技术，缓冲区满，才将数据转储到磁盘上，缓冲区的大小可以根据系统可用内存和历史数据的采样周期而定。

（6）内存实时数据库。包含对内存数据库的访问接口、数据库索引，历史数据缓冲区，内存实时数据的时间戳以及实时数据本身的各种属性，是系统交互的核心区，系统驱动运行的数据来源。

（7）实时运行系统。利用windows多线程机制，在多线程内完成事件管理，实时事务优先级分派、实时调度算法（价值函数评估优先级）、实时并发控制策略、历史数据缓冲转储以及主动机制等功能。

（二）内存数据库的数据组织

内存数据库的数据放在主存，可直接被CPU处理，内存数据库数据组织结构设计的目标包括加速数据操作的执行速度和提升有限内存空间的利用率。

（1）区段式。区段式结构中，内存空间首先被划分为若干"分区"，每一个分区存储一个关系。一个区由若干"段"组成，段是内存中固定长度的若干区域，相当于页的概念，但比页大。段是内外存I/O的基本单位，也是内存空间分配和内存数据恢复的基本单位。

一个段中的一个数据记录就是一个关系元组，每个记录拥有唯一标识符RID（Record Identifier），RID为三元组<P，S，L>，其中P、S、L分别为分区号、段号、段内记录槽号，记录槽（Record Slot）包含了对应记录的长度和记录首地址。通过RID查找分区表和段表内容即可找到对应的记录槽，再按照槽中地址和长度定位到具体存取的记录数据。

（2）影子内存式。影子内存式结构中，数据空间被划分为两部分：主拷贝PDB（Primary DataBase）和影子拷贝SM（Shadow Memory）。事务操作期间，对PDB和SM分别产生对应的地址，且总是首先对SM试探，若不成功，再对PDB操作。所有操作在SM中进行，并且记录活动日志。

使用影子内存的主要优点是减少日志缓冲，先对SM操作成功后再刷新PDB的方式省去事务失败时的UNDO操作，只要清除相应影子内存中数据，PDB中数据没有影响。影子内存结构更多地是作为内存数据库的一种事务并发及恢复策略的实现。

二、先进索引机制的设计

组态实时数据库必须实现高效的数据存储，才能应对海量数据的同时保证系统的实时性。工业控制领域中，多以点名或点号的方式标识数据，在本系统中与之相应的是组态实时数据库中数据存储的基本单位——点对象（TAG）。实际应用中，实时数据库中往往有上万甚至十几万个点，如何在这种情况下实现高效率数据存取是保证实时性的关键。在实时数据库中实现高效数据存取必须解决以下两点：第一，快速检索：能够在上万或更多点中快速定位指定的点对象；第二，高速数据读写：能够快速地存取指定的数据。

实时数据库系统必须面对海量的点对象，点对象的检索速度对于保证实时数据库实时性至关重要，因为工程经验表明实际应用中大量外围业务和应用软件均会频繁存取点。实际上OPC客户端在向实时数据库内核模块中写入采集到的实时数据的时候就需要对点对象进行检索，而这正是实时数据库在正常运行过程中最主要的业务逻辑，测试表明大量CPU时间被用以检索点对象。因此，建立一种高效的索引机制显得尤为重要，结合内存数据库的特点，我们对几种传统索引机制存在的不足进行以下分析：

（一）hash 索引

Hash是一种高效的索引结构，它的最大优点在于把数据的存储和查找消耗的时间大大降低，几乎可以看成是常数时间。但是，代价是消耗比较多的存储空间，此外，Hash索引并不维持键值有序序列，因而不能用于范围查询。

（二）树索引

树结构中键值所处的层次不同时，查询时间有很大区别，因而不能满足实时数据库的需求。为建立适应于组态实时数据库系统的高性能索引机制，可考虑上一章提到的混合索引机制hybrid-TH，它最大的特点是将树结构和哈希结构巧妙融合在一起，可以保证最坏情况下的执行时间不超过预定的限度，但是hybrid-HT也存在如下缺点：

1.hybrid-TH索引结构的内存空间耗用量大

hybrid-TH索引结构中存储的每个元素不仅要占用一个哈希节点空间，而且要在hybrid-TH树节点中占用一部分空间，因此hybrid-TH索引结构的内存耗用量比任何一种单纯的索引结构（哈希结构或树结构）都大。

2.hybrid-TH索引机制的插入操作性能低

hybrid-TH索引机制为维护从哈希表到hybrid-TH树结构的正确映象，插入操作前需填充或创建新哈希节点以存放待插键key，插入操作完成后要将被插树节点的地址填入key所在哈希节点的link域。如果在插入过程中存在不同节点间元素的移动，还要修改移动键值对应哈希节点的link域。可见，这些维护工作需要一笔不小的开销。

3.hybrid-TH索引机制的删除操作性能低

hybrid-TH索引结构使用哈希表使定位被删节点的时间较其他传统索引机制少。但与插入操作一样，为保持从哈希结构到树结构的正确映象，执行删除操作后需要释放被删键key所在哈希节点。在删除过程中通常存在不同节点间元素的移动，特别是在节点合并时会有大量移动操作，于是需要为每个移动键值找到相应的哈希节点并更新其

link 域。这些额外的维护开销导致hybrid-TH 索引机制上的删除操作性能较T 树、T* 树、T-tail 树等传统索引机制都要低。

4. 最坏情况下hybrid-TH 索引机制的查询操作性能低

在最坏情况下，所有的记录键值集中存放在一条哈希冲突链中。设一记录总数N 为10000，则这条哈希冲突链长为10000（包括哈希表目项），而在链表中只能采取顺序搜索方式，导致查询性能低下。

综合上面的分析，hybrid-HT 索引的实时性能不高主要是因为该结构存在如下的缺点：

hybrid-TH 的树索引部分仅仅由一棵T 树构成，这样大大加深了树索引的深度，降低了查询速度。T 树的范围查询性能不高，对后继节点定位的操作算法较为繁琐。在实际应用中，Hash 表结构中冲突链过长，导致定位Hash 节点的速度大为降低。无法体现出Hash 表在简单查询的优势为弥补hybrid-HT 本身存在的缺陷，本文设计了一种改进的索引机制H-T*，相比于hybrid-HT，在大大减少内存用量的同时显著提高了查询和操作修改速度。H-T* 索引由两部分组成：一个Hash 表和N 个T* 树。

改进的索引结构和hybrid-TH 的主要区别如下：

（1）hybrid-TH 中只有一个T 树，而H-T* 中有多个T* 树；

（2）将具有相同哈希地址的记录键值组织成T* 原子树，而不是线性的哈希冲突链；通过哈希表将元素分散存储在各棵原子树中，数据操作在原子树上进行，大大缩小了操作范围；

（3）将哈希表的查询负担转移到T* 原子树中并采用改进的查询算法执行查询操作，提高了查询性能，范围查询需对每棵原子树进行。

三、索引机制的实现

本文涉及的实时数据库系统数据组织方式是采用了区段式结构，

数据库一般都是由二维表组成的，如果表之间没有外键约束，则所有表都是独立的。本文假设每个表都是一个独立的文件，称为表文件。我们设计的表文件的整体存储结构分成四个部分：文件头部、H-T*索引区、索引-记录区（Key区）、数据区（Data区）。

（一）索引的创建

系统运行初期，组态实时数据库自动为每个关系建立了一个主键索引（即按点名或点号来建立索引），其基本信息保存在数据字典的索引表中。建立索引由数据库管理员或表的属主（即建立表的人）负责完成，建立好的唯一性索引基本信息也保存在数据字典的索引表中。

当系统正常启动后，系统将完成一系列的初始化工作，对索引的初始化也将在此阶段完成。系统遍历数据字典中的关系，取该关系的索引表中的每一项建立一个"空"的H-T*索引结构，注意，这里之所以称为"空"的H-T*索引结构是因为在该结构中没有保存任何信息，H-T*索引的真正建立是在数据导入时完成的。当系统初始化完成后，数据库管理员DBA发出导入某一关系数据的命令。主服务线程接受此命令，调用内存数据库模块的函数将保存在配置文件中的元组（记录）导入内存数据库。在此过程中，将完成一系列的工作，索引的建立也在其中完成，每从文本文件中读入一条元组，就提取其相应属性键值插入到H-T*索引结构中。当数据导入完成，系统就为该表建立起了所有的H-T*索引结构。

（二）索引的使用

在系统整体架构中，索引模块与查询处理、段的换入和换出、内存数据库的更新，以及内存数据库的刷新有着密切联系，索引起到润滑剂和纽带的作用，可以让数据库更快更好地运行，本系统索引有以下四种操作：

（1）数据段输入：由于一个事务在执行期间不能有数据I/O 操作，因此事务在放行阶段需要将不在内存数据库中的数据段装载进来，每装载一个数据段，就需要对每条元组提取相关的索引信息（建立了索引的属性字段），然后调用索引插入函数将其插入到相应的索引中去。

（2）数据段换出：若内存数据库已满，无法载入更多的数据块，这时候要将那些闲置的或使用频率低的数据段换出，同时调用索引删除函数从索引中删除相关的信息，这样可以闲置出内存空间装载新的数据段。

（3）内存数据库刷新：系统周期性或按用户指令做检验点时，需要将更新过（包括新创建）的数据段刷新到外存，如果数据段被换出，则要调用索引删除函数从索引中删除相关的信息。

（4）查询处理：查询处理要做完整性检查和唯一性检查，以及元组（记录）的定位，都需要调用索引模块。如果是单个元组的定位，则调用单元组查询（Index Query）；如果是多元组（区间）查找，则调用区间查询（Area Query）。

（5）内存数据库更新：查询处理将结果保存在缓冲区中，当事务提交时，才真正将缓冲区中的结果更新到内存数据库中，此时若是删除操作，则调用索引删除函数删除相应的索引信息；如果是插入操作，则调用索引插入函数插入相应的索引项；如果是更新操作，并且更新的属性上建有索引，则先调用索引删除函数删除前映像，然后调用索引插入函数插入后映像。

（三）索引的保存

内存索引的生命周期与系统运行周期同步，当系统退出时，内存索引被释放；而在内存中的外存索引需要保存到外存索引文件，以备下次系统正常启动时装载。

（四）索引的修改

只有通过重建索引的定义才能改变索引的属性。例如，如果不删除先前的定义并重新创建一个新索引，就不能往键列中添加新的列。如果要修改索引，必须先删除它，再重新创建新索引。

（五）索引的删除

索引一经建立，就由系统使用和维护它，不需用户干预。建立索引是为了减少查询操作的时间，但如果数据增加删改频繁，系统会花费许多时间来维护索引。这时，系统分析员DBA可以根据实际情况删去一些不必要的索引。索引的删除又分为主动删除和被动删除两种，除了上述DBA发出删除索引的命令后，如果数据库中某一关系删除，则建立在该关系上的所有索引也将全部删除，我们称这种删除方式为被动删除。当删除索引时，保存在数据字典中的索引表也将一并删除。需要注意的是，索引的删除涉及并发控制的问题，此处不做深入研究。

第四节　过程实时数据库索引优化算法

一、过程控制与实时数据库

过程控制是实时数据库的一个主要和典型的应用场合。企业的生产过程连续、复杂，包含大量的过程动态信息，如温度、压力等，企业为了实现稳定、高效的生产，必须充分利用过程中的这些实时动态信息。这类信息具有两个突出的特点：一是活动时间性强，要求在一定的活动时间内从生产过程中采集、存储、处理信息，并及时做出响应；二是数据只在一定的时间范围内有效，过期则不能及时反映过程状况，不具任何意义。这就要求必须采用实时数据库系统为过程控制提供可靠的数据支持。

从一个数据库的角度来看，一个实时过程控制系统典型的由三个紧密结合的部分组成：被控系统、执行控制系统、数据系统。被控系统是所考虑的生产过程，称为外部环境或者物理世界；执行控制系统通过数据采集装置检测被控过程的状态，通过控制器和执行装置协同和控制生产过程的活动，称为逻辑世界；数据系统有效的存储、操作和管理实时信息，称为内部世界，执行控制系统和数据系统称为控制系统。内部世界的状态是物理世界中的状态在控制系统中的映像，执行控制系统通过内部世界而感知物理世界状态，基于此与被控系统交互。

二、传统索引算法

（一）平衡二叉树

1.AVL 树的插入

插入步骤分为：①沿着从根结点开始的路径对具有相同关键值的元素进行搜索，以找到插入新元素的位置。在此过程中，寻找最近的，平衡因子为-1 或1 的结点，令其为A 结点。如果找到了相同关键值的元素，那么插入失败，以下步骤无需执行。②如果没有这样的结点A，那么从根结点开始再遍历一次，并修改平衡因子，然后终止。③如果bf（A）=1 并且新结点插入到A 的右子树中，或者bf（A）=1 并且插入是在左子树中进行的，那么A 的新平衡因子是0。这种情况下，修改从A 到新结点途中的平衡因子，然后终止。④确定A 的不平衡类型并执行相应的旋转，在从新子树根结点至新插入结点途中，根据旋转需要修改相应的平衡因子。

2.AVL 树的删除

如果删除发生在q 的左子树，那么bf（q）减1，而如果删除发生在q 的右子树，那么bf（q）加1。可以看到如下现象：①如果q 新的平衡因子是0，那么它的高度减少了1，并且需要改变它的父结点（如果有的话）和其他某些祖先结点的平衡因子。②如果q新的平衡因子是−1或1，那么它的高度与删除前相同，并且无须改变其祖先的平衡因子值。③如果q新的平衡因子是−2或2，那么树在q结点是不平衡的。

（二）B+ 树

1.B+ 树的随机查找

B+ 树的随机查找类似于B 树。但在B+ 树上进行随机查找时，若非叶子结点的关键字等于查找的关键字，则查找不能终止，还要继续向下查找，一直查到叶子结点上的这个关键字。另外B+ 树还可以由叶子结点构成的链表进行顺序查找。

2.B+ 树的删除操作

B+ 树的删除也仅在叶子结点中进行，当叶子结点中最大的关键字被删除后，其在索引部分的值可以作为一个"分界关键字"存在而被保留，无须删除。若应删除而使结点中关键字的个数少于[m/2]时，则和其同父结点合并。

（三）T 树

T 树是一种适用于内存数据库系统的索引结构，下面我们详细介绍它的基本操作。

1.T 树粉素操作

第一，查找T 树的根结点；第二，如果查找值小于被查找结点的最小元素，则向下查找该结点的左子树；如果查找值大于被查找结点的最大元素，则向下查找该结点的右子树；第三，采用折半查找算法在当前结点中查找，若找不到所要检索的值，则检索失败并结束操作，否则检索成功结束。

2.T 树的插入操作

（1）若为空，建立一棵T树，插入元素作为它的第一个元素，操作结束；

（2）用上述查找方法找到待插入结点；

（3）若找到插入结点node1，则插入值大于结点node1的最小元素key[1]，小于它的最大元素key[k]；若插入值已存在则失败并结束操作；若结点所含元素的个数小于结点所含键值个数的上限n，则移动相应元素、插入新的键值并结束插入操作；若结点所含关键字的个数等于n，则①若node1是叶结点，则将它的最大元素key[n]移出，并将相应新结点插入到node1中，创建一个新结点，key[n]作为新结点的第一个元素，新结点作为插入结点的右子树；进行树的平衡性检查，若存在不平衡，进行平衡处理使之重新达到平衡；②若该结点的平衡因子为−1，将它的最小元素key[1]移出，并移动相应元素、插入新的键值，将key[1]作为新的最大下界插入到node1的最大下界结点；③若该结点的平衡因于不为−1，将它的最大元素key[n]移出，并移动相应元素、插入新的键值；将key[n]作为新的最小上界插入到node1的最小上界结点；④如果T树检索完且找不到插入结点，则将插入值插入到检索路径的最后一个非空结点，方法同③，该插入值作为新的最大或最小元素。

3.T树的删除操作

（1）查找删除值所在的结点，若不存在这样的结点则失败并结束操作。

（2）如果找到删除值可能存在的结点，但找不到要删除的元素则失败并结束操作。

（3）如果找到删除值所在的结点node1，且找到要删除的元素，则①node1为叶结点，若它所包含元素的个数大于1，删除该元素，并结束操作；若它仅包含一个元素，则释放结点node1，进行树的平衡性检查，如果存在不平衡，进行平衡处理，算法结束；②node1不是叶结点，若它所含元素的个数大于所允许的最小元素个数，则删除该元素并结束删除操作；若它所含元素的个数等于所允许的最小元素个数。

三、优化索引算法

（一）L+ 树算法 COM 接口

为方便扩展，在模块 SIM_free 的 idl 中定义一个基接口 ITree，它包含 7 个方法：插入、删除、查询、销毁树、批量插入、批量删除、批量查询等，其他树形索引算法都可以继承它，这些树形索引算法实现 ITree 接口下的这些方法，也可以自行扩展自己的方法。实现多种树形索引算法后，客户端就可以根据实际情况调用不同的索引算法，目前在该模块中，已经包含二叉树、平衡二叉树、T 树、T+ 树、L+ 树以及扩展 L+ 树等索引算法，由于 L+ 树的优越性并结合实际情况，对 T 树和 L+ 树进行了比较完整的测试，其他几种算法并没有进行很好的测试。ITree 的定义如下：

interface ITree：IDispatch

{

[id（1）, helpstring（"method 查询"）]

HRESULT Search（[in]const_nt64 tElemKey, // 要查询元素的 Key

[out]BSTR*pbsResultInfo）;

[id（2）, helpstring（"method 插入"）]

HRESULT Insert（[in]const_int64 tElemKey, // 插入元素的 Key

[in]const double dElemVal, // 插入元素的值

[out]BSTR*pbsResultInfo）;

[id（3）, helpstring（"method 删除"）]

HRESULT Delete（[in]const_int64 tElemKey, // 删除元素的 Key

[out]BSTR*pbsResultInfo）;

[id（4），helpstring（"method 销毁）]// 销毁即删除整个树

HRESULT Destroy（[out]BSTR*pbsResultInfo）;

[id（5），helpstring（"method 范围查询"）]

HRESULT SearchRange（[in] const_int64 tElemKeyBgn，// 范围查询起始Key

[in] const_int64 tElemKeyEnd，// 范围查询结束Key

[out]VARIANT *pArrKey，// 存储找到的Key 数组

[out]VARIANT *pArrValue，// 存储找到的Value 数组

[out]BSTR*pbsResultInfo）;

[id（6），helpstring（"method 批量查询"）]

HRESULT BatchSearch（[in]VARIANT varElemKeys，// 批量查找所有Key

[out]BSTR*pbsResultInfo）;

[id（7），helpstring（"method 批量插入"）]

HRESULT BatchInsert（[in] VARIANT varElemVals，// 所有元素值

[in]const_int64 tElemKeyBgn，// 起始Key

[in]const UINT　nInterval，//Key 的1}}7 隔

[out]BSTR*pbsResultInfo）;

[id（8），helpstring（"method 批量删除"）]

HRESULT BatchDelete（[in] VARIANT varElemKeys，// 要删除的Key

[out]BSTR*pbsResultInfo）;

};

[

object，　uuid（BDC1D32D-78AD-48F4-8C34-F8364D2C62BA），

dual，　nonextensible，　helpstring（"ILplusTree Interface"），

pointer default（unique）

]

interface ILplusTree：ITree

{

};

关于接口的几点说明：

（1）每个接口都有一个返回参数pbsResultInfo，这个参数用于描述接口执行后的错误信息。

（2）由于COM为了达到通用性，因此无法用一种结构表示Key与Value的一一对应关系，所以范围查询接口中只能采用两个Variant来分别存储Key和Value，在向这两个参数赋值时，需要保证一一对应，同样在解析时也要保证一一对应关系，只有这样才能保证数据的正确性。

（3）范围查询重在查找到范围内所有关键字以及对应的值，pArrKey中的Key值将是连续的，而批量查询重在在查询varEletnICeys中所有Key是否存在，详细信息由pbsResultInfo返回，因此Key是任意的。

过程控制中产生的大量数据，都是采用插入的方式实时存储到内存中的，因此提供了批量插入接口；为了方便于用户对数据查看以及进行简单的操作，比如有时需要人为插入一些特征值作为参考，因此提供了简单插入接口，有时候需要对比较关心的时间段的数据进行查看就提供了范围查找接口，有时因为设备等其他原因也可能需要删除某些或一部分数据，就提供了删除接口和批量删除接口。这8个接口可以说是所有内存索引结构都应该提供的接口，这样才能让用户更好地采集、处理数据，因此公用接口ITree声明了这8个接口。对于某些索引机制可能有自己特殊的操作，可以在自己的接口中进行扩展。如上所示，ILplusTree继承于ITree接口，调用步骤如下：

（1）导入COM 模块tlb 文件。

#import"../SIM_Compress/Debug/SIM_Compress.tlb"

（2）声明接口智能指针。

CComPtr<SIM TreeLib：：ILplusTree>pLplusTree；

（3）调用相应接口。

pLplusTree->Search（tElemKey，&bsResultInfo）；

（二）旋转门压缩算法 COM 接口

同样为方便扩展和维护，在压缩与解压缩模块SIM-Compress 中的idl 定义了两个基接口：ICompress 和IDisCompress，旋转门压缩与解压缩接口分别继承自这两个基本接口。以后如果有效率更高、压缩与解压缩效果更好的算法，可以在该模块中扩展，这样客户端可以根据需要灵活选择自己的压缩与解压缩算法。ICompress 与IDisCompress 的定义如下：

[object，uuid（FFD63513-DF97-4b8b-BBAE-4301434D7435），

dual，

nonextensible，helpstring（"ICompress Interface"），pointer default（unique）]

interface ICompress：IDispatch

{

[id（1），helpstring（"method 压缩"）]

HRESULT Compress（[in]const double Rate，// 压缩偏移量

[in]VARIANT inKeyData，// 输入数据索引

[in]VARIANT inValData，// 输入数据值

[out]VARIANT *outKeyData，// 压缩后输出索引数据

[out]VARIANT *outValData）；// 压缩后输出数据

}；

Interface IDiscompress：IDispatch

{

HRESULT DisCompress（[in]const UINT TimeInterval，// 采样间隔

[in]VARIANT inKeyData，// 输入数据索引

[in]VARIANT inValData，// 输入数据值

[out]VARIANT*outKeyData，// 解压缩后输出索引数据

[out]VARIANT*outValData）；// 解压缩后输出数据

[id（2），helpstring（"method 部分解压缩"）]

HRESULT DisCompressSection（[in]const_int64 TimeBegin，// 开始时间

[in]const_nt64 TimeEnd，// 结束时间

[in]const UINT TimeInterval，// 采样间隔

[in]VARIANT inKeyData，　// 输入数据索引

[in]VARIANT inValData，// 输入数据值

[out]VARIANT*outKeyData，// 解压缩后输出索引数据

[out]VARIANT*outValData）；// 解压缩后输出数据}；

其中解压缩接口中包含整体解压缩与部分解压缩两个方法。

关于接口的说明：索引与数据都是两个数组形式的Variant，它们要一一对应，因为COM 的通用性，无法用一个结构去表示它们。

压缩接口可以通过调节压缩偏移量的大小对数据进行不同程度的压缩，目前压缩只抽象出一个方法。解压缩接口抽象出了两个方法，一是根据采样间隔进行全解压缩；二是对一定范围内的数据进行解压缩，这个方法使用户更灵活地使用解压缩接口，因为用户在查看历史数据时，并不总是关心所有的数据，而只是关心那些不正常的数据，提供这个方法后，用户就可以根据自己实际需要对历史数据进行解压缩查看、处理，节省了时间、资源。接口调用方法同SIM Tree 模块。

参考文献

[1] 郭薇，郭菁，胡志勇. 空间数据库索引技术[M]. 上海：上海交通大学出版社，2006.

[2] Shashi Shekhar，Sanjay Chawla. 空间数据库[M]. 谢昆青，等译. 北京：机械工业出版社，2004.

[3] 龚健雅. 地理信息系统基础[M]. 北京：科学出版社，2001.

[4] 鞠时光.对象关系型数据库管理系统的开发技术[M]. 北京：科学出版社，2001.

[5] 严蔚敏，吴伟民. 数据结构[M]. 北京：清华大学出版社，1992.

[6] 刘云生. 现代数据库技术[M]. 北京：国防工业出版社，2001.

[7] 萨师煊，王珊. 数据库系统概论[M]. 北京：高等教育出版社，2000.

[8] 陈秀新，邢素霞. 图像/视频检索与图像融合[M]. 北京：机械工业出版社，2011.

[9] 孙君顶，赵珊. 图像低层特征提取与检索技术[M]. 北京：电子工业出版社，2009.

[10] 周明全，耿国华，韦娜. 基于内容图像检索技术[M]. 北京：清华大学出版社，2007.

[11] 庄越挺. 网上多媒体信息分析与检索[M]. 北京：清华大学出版社，2002.

[12] 盛小亮. 嵌入式数据库索引机制研究与实现[D]. 成都：电子科

技大学，2007.

[13] 张媛媛．嵌入式数据库管理系统的研究与实现[D]．上海：华东师范大学，2007.

[14] 陈普查．嵌入式数据库系统研究与实现[D]．西安：西安电子科技大学，2008.

[15] 夏铭．嵌入式数据库结构及索引查询技术研究[D]．合肥：合肥工业大学，2007.

[16] 杨志勇．嵌入式数据库系统的研究与实现[D]．武汉：武汉理工大学，2007.

[17] 葛俊杰．实时内存数据库的事务调度与数据恢复研究[D]．青岛：青岛大学，2007.

[18] 彭祥礼．时空数据库索引技术的研究与实现[D]．武汉：华中科技大学，2006.

[19] 钟细亚．时空数据库索引技术研究[D]．武汉：华中科技大学，2006.

[20] 胡志强．内存数据库存储分析与设计[D]．北京：北京邮电大学，2011.

[21] 朱振龙．内存数据库装载和交换策略研究[D]．长沙：湖南大学，2009.

[22] 荣垂田．一个内存数据库模型的设计与实现[D]．北京：中国科学院研究生院（沈阳计算技术研究所），2008.

[23] 徐海华．面向应用的内存数据库研究[D]．上海：上海师范大学，2008.

[24] 薛竹飙．实时内存数据库关键技术的研究与实现[D]．南京：东南大学，2006.

[25] 赫玄惠．空间数据库索引技术的研究及应用[D]．北京：华北电力大学，2012.

[26] 杨青娅. 海量图像过滤中二进制索引技术研究[D]. 北京：北京邮电大学，2014.

[27] 李春生. 面向海量数据的索引技术研究[D]. 上海：华东师范大学，2013.

[28] 万明祥. 云环境下索引技术研究[D]. 南京：南京邮电大学，2014.

[29] 路炜. 实时压缩文本索引技术研究与实现[D]. 北京：北京邮电大学，2014.

[30] 杨玉军. 时态索引技术及算法的研究[D]. 长沙：中南林业科技大学，2007.

[31] 黄海. XML索引技术的研究[D]. 厦门：厦门大学，2007.

[32] 甘文婷. 大数据索引技术关键问题研究[D]. 武汉：湖北大学，2016.

[33] 肖蒙. 数据库中一种分段混合时态索引的研究与实现[D]. 上海：东华大学，2016.

[34] 贾士博. 流程工业分布式实时数据库智能索引系统的设计与开发[D]. 杭州：浙江大学，2013.

[35] 黄喜凤. XSQS中路径索引技术的研究与实现[D]. 广州：华南理工大学，2012.

[36] 胡勇. 嵌入式实时数据库中的时态一致性维护[D]. 武汉：华中科技大学，2008.